白色獭兔

U0298308

大耳黄

福建黄兔

弗朗德公兔

1

虎皮黄(太行山)兔

海狸色獭兔

加利福尼亚兔

新西兰兔

2

皖系长毛兔

浙系长毛兔

大棚兔舍

简易兔舍

3

架养育肥兔

家庭兔场

兔养殖小区

规模化兔场

怎样经营好中小型兔场

主 编

谷子林

副主编

潘雨来　刘伯翟　频

赵超葛剑

编著者

（按姓氏笔画为序）

王圆圆　王志恒　齐大胜　孙利娜

巩耀进　刘亚娟　李爱民　李海利

陈宝江　陈赛娟　陈丹丹　张潇月

张振红　周松涛　杨翠军　骆月茹

侯斐　郭万华　赵慧秋　黄玉亭

景翠董兵　鲍惠玲

金盾出版社

内容提要

本书针对当前我国中小规模兔场生产中存在的主要问题,总结作者多年的养兔科研和生产经验,并参考了大量的国内外相关资料编纂而成。内容包括:市场信息与经营策略、兔场设计与规划、品种的选择和种兔的引进、营养需要与饲料生产、家兔繁殖技术、饲养管理和疾病防治等七个部分。本书理论与实践相结合,语言朴实通俗易懂,针对性和可操作性较强,适于广大中小规模兔场和养兔爱好者阅读,也可供大中专畜牧兽医专业学生及生产第一线的畜牧兽医技术人员参考。

图书在版编目(CIP)数据

怎样经营好中小型兔场/谷子林主编 . — 北京:金盾出版社,2014.5

ISBN 978-7-5082-9166-6

Ⅰ.①怎… Ⅱ.①谷… Ⅲ.①兔—饲养管理 Ⅳ.①S829.1

中国版本图书馆 CIP 数据核字(2014)第 022061 号

金盾出版社出版、总发行

北京太平路 5 号(地铁万寿路站往南)

邮政编码:100036 电话:68214039 83219215

传真:68276683 网址:www.jdcbs.cn

北京盛世双龙印刷有限公司印刷、装订

各地新华书店经销

开本:850×1168 1/32 印张:7.75 彩页:4 字数:182 千字

2014 年 5 月第 1 版第 1 次印刷

印数:1~6 000 册 定价:16.00 元

前　言

　　近年来,我国养兔业发展迅速,以家兔为单元的中小规模兔场成为养兔的主体,并形成区域性发展趋势。这样的兔场怎样定位,如何经营,如何提高养殖效益,怎样提高养殖技术,对于多数兔场而言,仍然没有解决这些问题。应金盾出版社的约请,我们组织长期从事家兔生产、科研和教学工作的科技人员编写了这本书。

　　本书以提高养兔效益为主线,从经营管理和市场信息入手,从兔场规划起步抓起,从提高养殖技术着眼,系统介绍了相关的技术、知识、经验和操作,涉及家兔产业的多个关键环节。

　　本书的显著特点是在介绍养兔实用技术的同时,强化了作为当代农民,或未来的养兔企业家应该具备的基本素质和能力,尤其是要有市场意识、信息意识、成本意识和风险意识。就如何获得市场信息,如何降低市场风险,如何进行兔群的周转和资金的周转,如何进行人员管理和财务管理,如何进行成本分析和降低成本,如何开展产品营销等具体问题,给出了指导性的意见和建议。贯彻了兔场管理要以人为本、从管理要效益的基本理念。

　　本书的养殖技术和知识方面的特点在于针对性、实用性和可操作性强。介绍了生产中经常遇到的一些具体技术问题,包括兔场的规划和兔舍建造,笼具的选用、品种的选购、饲料的配合和加工、繁殖技术、管理技术及常见疾病防治技术。这些技术浓缩了笔者多年来的生产实践经验，也收纳了国家兔产业技术体系成立以来取得的最新科技成果。在编写过程中，文字力求简明扼要，深入浅出；技术力求先进实用和具前瞻性，尽量满足读者的需求。

在编写过程中，参考了中外养兔专家的研究资料，在此表示衷心的感谢。

由于时间仓促，水平有限，书中不妥之处恳请读者批评指正。

编著者

目 录

一、市场信息与经营策略

1. 何谓中小型兔场？

关于中小型兔场的定义，目前还没有明确的说法，笔者根据多年的生产经验，认为可依据劳动力的使用人数和基础母兔饲养数量来进行简单划分，具体如下：小型兔场指不雇用劳工，依靠夫妻搭档，利用剩余劳动力所能饲养的群体规模，一般饲养的基础母兔不超过 200 只；中型兔场是在小型兔场的基础上发展起来的，依靠家庭剩余劳动力已无法满足生产，需雇用 1～4 名员工共同完成生产任务，饲养的基础母兔规模在 200～1 000 只。

以上所述只是一个大概的范围，关于兔场规模的界定，与当地的经济水平和饲养水平密切相关，具有明显的地域特征，发达地区与欠发达地区在饲养的数量规模上可能差别很大。随着现代农业产业化的发展，规模将不断地壮大，概念也将不断地修正，但目前中小型兔场仍是家兔饲养的主力军。

2. 怎样确定饲养规模和制定发展规划？

我国家兔饲养因经济水平、饲养管理水平、技术力量、交通等因素规模大小不一，区域差别较大。近些年，随着科技水平的提升和兔产业的不断壮大，上万只笼位规模的兔场如雨后春笋般呈现，甚至出现了拥有基础母兔 60 000 只的超大规模的兔场，但大部分地区仍以中小型规模为主。

对于刚投入兔产业的新手而言,如何确定饲养规模,需因人因地而综合考虑,要在市场经济的指导下具有商品经济的意识,权衡市场需求和资金投入进行效益分析,根据自身技术力量、管理水平、生产设备等实际情况而定。具体而言,要考虑资金的投入额度、当地市场对兔产品的需求程度、员工人数和技术管理水平来确定饲养规模。一般以一个中等技术水平劳动力饲养200只基础母兔计算确定规模,对于初学者适当减量。只有规模适度,才能把资源优势与生产能力进行优化配置,取得最佳经济效益。目前,对于小型兔场建议饲养的基础母兔不超过200只,年出栏商品兔5 000(獭兔)~6 000(肉兔)只左右;中型兔场建议饲养的基础母兔不超过1 000只,年出栏商品兔25 000(獭兔)~30 000(肉兔)只左右。但实际生产中规模与多种因素有关,并非固定不变,在发展养兔中,应随着社会的发展、科技的进步、技术和管理水平的提高、服务体系的完善等不断地加以调整,并根据自身的实际情况,制定一个长期的发展规划,选择适宜的饲养规模和饲养方式,切实把好种兔质量关,生产优质商品,逐步扩大规模,以获得较好的经济效益。

发展规划不仅仅是大型企业的专利,对于中小型兔场更需要制定一个符合自身发展的规划,以确保资源的优化配置和投入资金效益的最大化。发展规划的制定主要包括以下几个方面:一是根据市场调研的结果,对经营的品种、规模和兔产品的销售形式进行准确的定位;二是在明确品种、规模和兔产品销售形式的前提下,测算出用工数量、所需正常周转资金费用、笼位占有量(包括种兔笼、后备兔笼、生长兔笼、隔离兔笼等)和土地的使用量;三是根据现行兔场的生产规模及未来5~10年兔场的发展需求,选择大小适宜的场址进行生产区、管理区、生活区、辅助区和备用发展区的合理布局;四是加强人员培训,对于中型兔场明确技术负责人,实施科学养兔;五是制定生产管理制度和生产计划方案,做到规范管理、计划生产;六是根据资金投入和产出,测算出每年的经济效益和利润回报率,并提出兔场 5～10 年的中长期的发展规模和效益的增速比例。

3. 怎样获得市场信息?

信息是赢得市场的重要手段,养兔不但要勤于饲养管理,更要掌握市场信息。因此,中小型兔场要树立现代经营意识,了解调查市场需求状况,掌握真实可靠的第一手兔业信息,才能在市场经济的大潮中牢牢把握航向,经营兔业时就不会迷失方向,就能获得预期的经济回报。了解兔业信息,切忌道听途说的一些虚假信息,多听一些从正面引导的相关信息,对养兔场(户)是大有帮助的。获得市场信息的渠道主要有下面一些:一是亲自调研,如走访饲养企业、兔产品加工企业、各类兔产品交易市场进行实地调查,这是最直接的信息采集,但比较耗时间;二是通过专业报纸期刊、电视、广播、网络等媒体,获取大量且快捷的信息;三是参加各类与养兔有关的学术会议、展销会、博览会、交易会等;四是加强与畜牧部门、外贸部门、养兔行业组织、养兔专家和同行的联系,可及时了解到生产和销售的有关信息。

4. 我国肉兔产业发展现状如何?

我国肉兔产业发展几起几落,但总体上呈现出生产总量快速增长,生产水平明显提高,生产方式逐步转变,产业体系初步形成,产业化经营不断完善,现今肉兔存栏、出栏和兔肉产量均居世界之首。

改革开放之初的 1978 年,全国年末存栏家兔约 0.8 亿只,出栏肉兔 0.35 亿只,生产兔肉 5.25 万吨,约占世界兔肉总产量的 7.1%。至 2008 年,我国年末存栏家兔 2.18 亿只,出栏肉兔

3.5 亿只左右,生产兔肉 66 万吨,占世界兔肉总产量的 41.3％,形成了以四川、山东、江苏、河南、河北、重庆等地为主的肉兔主产区。

兔业发展之初以出口兔肉创汇为主,1957 年首次出口,1967 年出口量跃居世界第一,1979 年达历史最高水平,为 4.35 万吨,占世界兔肉贸易量的 60％。近几年我国兔肉出口量仍在 1 万吨左右,培育出了如青岛康大外贸集团有限公司、山东海达有限公司等一批具有自主出口权的生产加工龙头企业。随着人们生活水平的提高和饮食文化的改变,我国兔肉内销也开始表现出强大势头,形成了以四川、重庆、广东和福建四大传统消费市场为主引领中国兔肉的消费潮流,培育出了一批如"哈哥兔业"、"宜宾汇兔"等龙头企业和名牌产品。同时又带动了东北市场、西北市场和以保定为代表的河北市场等新型市场的发展,吃兔肉之风悄然兴起。

经过近几十年的发展,我国家兔育种水平有着明显的提高,提升了兔产业的核心竞争力。目前,肉兔育肥期明显缩短,屠宰日龄由 120～150 日龄提早到 70～90 日龄,全净膛屠宰率由 40％～43％提高到 48％～50％,耗料比由 5～6：1 减少为 3.5：1。同时,随着经济的发展、科技水平的提升,饲养规模、生产方式、品种和兔产品均呈现出多元化,群体数量也由过去农民的庭院经营发展到现今有着众多上规模的大型兔场养殖;生产方式由传统的粗放经营逐渐转向标准化、集约化生产;品种也由过去单品种纯繁发展到现今拥有数十个国内外优良肉兔品种和肉兔配套系生产,且在商品中逐步形成以配套系为主的现代化生产模式;肉兔深加工呈现良好势头,在保留我国民间传统加工工艺基础上还研究了多种加工方法,开发了如兔肉松、兔肉干、五香兔肉、麻辣兔丁等多种新型兔肉产品。

但与其他畜牧产业相比,肉兔、獭兔和毛兔产业发展还存有以下几个问题:一是兔业弱质地位,在畜牧业产值中所占比重非常小,处于可有可无的地位,导致在政策引导、资金支持、项目扶持上力度明显不足,使得兔产业发展多年来仍处于初级阶段。二是规模化生产技术研发集成不足,导致养殖者对技术缺失,使得兔业生产问题不断、规模不能有效壮大。三是缺乏现代化的生产管理理念,不能深层次考虑如何壮大规模进行标准化、集约化的工厂化生产,往往违背科学,盲目决策而造成重大失误,导致企业发展受阻。四是兔产业链不完善,兔产品以初级生产出口为主,价格受制于人,养殖者没有话语权,影响了生产的稳定和规模进一步扩张;另外,我国兔业饲料工业和机械工业研究基本上处于空白,笼器具制作和兔舍设计没有统一标准,严重制约了我国兔业生产向规模化方向的发展。

5. 今后我国肉兔产业发展趋势如何?

在我国,肉兔产业与生猪、家禽相比是弱质产业,但却是最具有成长性的产业之一。如 1985 年兔肉仅占我国肉类总产量的 0.29%,2008 年已占我国肉类总产量的 0.91%;从人均占有量来看,1999 年我国人均占有量不足 250 克,2008 年人均占有量将近 500 克。随着我国大力建设现代畜牧业,提倡发展节粮型畜牧业,在目前环保压力较大的因素下,肉兔属草食性动物,其发展前景将是广阔的。这主要有以下几个原因:

第一,兔肉营养特点决定。兔肉具有高蛋白质、高赖氨酸、高磷脂,低脂肪、低胆固醇、低热量的"三高三低"特点,其蛋白质含量达 22.3%,比猪瘦肉高 23.7%;赖氨酸含量达 9.6%,比猪肉高 14.3%;脂肪含量为 8%,明显低于猪肉(26.7%);胆固醇含量为 0.65 毫克/克,比猪肉低 94%;钙、铁含量比猪肉高 1.5 倍以上;兔肉肉质细嫩,易于消化吸收,其消化率达 85%,比猪肉高 13.3%;且生产过程中与其他畜产品相比一般不添加药物和激素等对人体有害的物质,是一种天然、健康、安全性高的绿色食品,符合现代人类对营养的需求。

第二,节粮型畜牧业发展的需求。肉兔属节粮型舍饲小家畜,便于集中规模化生产,其以草或农作物的秸秆等粗纤维饲料为主,对环境没有直接破坏作用,是发展现代畜牧业的选择之一。

第三,消费群体的形成。近几年来,为加大兔肉的宣传力度,引导兔肉消费,中国畜牧业协会兔业分会将6月6日定为"兔肉节",提出了"六月六,吃兔肉"的口号,使得兔肉营养和保健功能逐渐被一些消费者所接受,吃兔肉的习惯由少数几个省、市(四川、重庆、广东、福建)逐渐向多数地区蔓延。另外,随着烹饪技术的发展,多种菜系、不同的烹调方式与地方风味的融合,为兔肉消费提供了广阔的市场。

第四,国家政策资金的扶持。随着现代农业产业技术体系的建立和国家"十二五"良种工程规划的出台,兔被单独作为一个畜种纳入其中予以资金扶持,体现出了国家开始重视小兔,争取把它做成大产业。另外,国家兔产业技术体系在全国范围内的运行,有效地将技术研发、集成和推广集于一身,很好地解决了生产与科研脱节的问题,将会大力推动产业发展。

第五,新型产业的发展将带动肉兔产业的发展。随着国家生物制品和制药企业的发展,对以肉兔品种为主的实验兔的需求量较此前大幅增加,为肉兔产业发展提供了新的途径。

由于内需的增加,另加生物制品的发展,肉兔产业基本保持稳定增长的走势,表现为:生产总量增加,出口量相对稳定,以满足国内市场消费为主;兔业产业链逐步完善,良种繁育体系健全;形成企业化运作、职业经理人管理的新模式;规模化、标准化和集约化将是生产主导。但是,今后我国肉兔产业发展的道路依然艰辛漫长,需要各方面的大力支持和呵护,才能确保健康持续发展。

6. 我国毛兔产业发展现状如何？

我国现代毛兔产业始于1978年,当改革开放的春风吹遍神州大地,家兔又再次被农民饲养,在引进前德意志联邦共和国毛兔改良我国本地长毛兔品种的推动下,兔毛品质和产毛性能的大幅提升刺激了毛兔产业的发展,全国正式进入了毛兔产业时代,饲养总量逐渐占有半壁江山,高峰时年产兔毛曾达2万多吨,占全世界兔毛产量的90%以上,如1985年全国家兔年末存栏量达1.02亿只,其中毛兔0.64亿只,占存栏量的62.7%,当时江苏的一个吴江县年存栏量就超过150万只,作为家庭副业的毛兔养殖一跃成为当时畜牧业的特色产业,是国家创造外汇的重要来源。

随着产业的发展和技术水平的提升,对品种的要求也越来越高,自20世纪80年代起,我国一些毛兔重点产区在引进良种,开展杂交改良的同时,采用杂交选育的方法(大多导入肉兔血缘),自行培育了一些产毛量高、体型大、适应性强的新品种(系)或高产类群,使得我国毛兔个体年产毛量由改革开放之初只均近200克提高到现在的1 200克左右,一些毛兔新品系或高产类群的产毛量已达到或超过世界先进水平,培育出了浙系长毛兔、苏系长毛兔、皖系长毛兔等性能优异的国家级新品种,另有珍珠系长毛兔、沂蒙巨型长毛兔、泰山粗毛型长毛兔等高产类群,其中镇海巨型高产长毛兔2000年创造的千只长毛兔群体产毛量世界纪录,获得了世界家兔科学协会主席和秘书长的认可及高度评价。

但我国毛兔生产一方面由于是劳动密集型产业,难以实施规模化,加之其自身繁殖性能较差和抗病力较弱的因素;另一方面其主产品兔毛一直以原料和半成品出口为主,仍面向西欧(意、德、英、法、比、瑞)、日本和我国港、澳特区三大市场,使得在30年的发展中,毛兔产业受制于人,产品价格波动较大,产业发展几起几落,目前全国长毛兔存栏数量约为 4 000 万只,年产兔毛 4 000～6 000 吨,饲养毛兔数量最多的为浙江、山东、江苏、安徽、四川、重庆等省、市。

7. 今后我国毛兔产业发展趋势如何?

毛兔的主产品兔毛具有"轻、软、暖、爽、美"的优点,其洁白,细软,吸湿性强(为 52%～60%,是羊毛的 2 倍),调湿能力高,保暖性好(比羊毛高出 31.7%),摩擦系数小,与皮肤接触时有柔软滑爽的舒适感,是高档毛纺原料,其织品轻盈、柔软、保暖、美观,既可制作外衣,也可贴身穿着,并有保健功能。另外,在兔毛加工方面,随着毛纺技术与工艺的进步,兔毛织品"掉毛、起球、缩水变形"的国际性难题已被攻克,这将大大提高兔毛的使用价值,因此毛兔产业具有很大的发展潜力。

但毛兔产业发展受限制因素依然很多,一是由于兔毛主要以原料和半成品出口为主,价格受制于人,市场变化较大,影响养殖者的饲养积极性;二是随着经济的发展、新农村的建设和城市的扩张,加剧了国内劳动力和饲料成本的上升;三是毛兔饲养是一项劳动密集型工作,在目前的饲养管理水平下,很难实施规模化集约化生产,导致投入产出比较低;四是兔毛制品,由于兔毛本身黏合力差、单根纤维的强度低、静电大,受纺织工艺及技术水平的限制,使其局限于粗纺。上述种种因素,影响饲养者和消费者心理,使得毛兔养殖潜力很难完全发挥。

就市场本身而言,仍具有基本的需求能力,因此我国毛兔产业在相对稳定的饲养总量前提下长期来看将会逐渐萎缩,饲养区域将由传统的南方逐渐向劳动力成本较低、饲料资源丰富、技术水平较好的北方地区转移,总体上将会处于量少价高的发展趋势。

8. 我国獭兔产业发展现状如何？

我国自 20 世纪 70 年代从美国引进纯种獭兔以来，历经 30 多年的发展，已成为世界上獭兔饲养数量最多，皮张出口最多的国家。目前，全国獭兔存栏数量约为 4 000 万只，其在三大兔群中分布最为广泛，从南到北、从东到西，只要养兔的地区就会有獭兔，其中河北省是目前獭兔养殖的最大省份，年饲养量在 3 000 万只以上，形成了以尚村皮毛市场、"天下皮毛第一都"的留史市场和中国大营生皮交易市场为源动力的獭兔交易区，带动了裘皮加工业的发展壮大。

虽然我国獭兔业取得了一定的成就，但其发展并不是一帆风顺，其中经历了反复炒种、行情大起大落、饲养量盲目扩张和杀兔倒笼阶段。进入 21 世纪以来，獭兔养殖才真正跨进产业化时代，从规模养殖、商品兔销售、兔皮加工及市场消费等逐步形成了一条完整的产业链，成为皮草行业不可或缺的重要原料之一。

獭兔市场变化较肉兔产业大，从 2000 年至今的这 10 多年间，獭兔皮市场经历了 4 次高峰、3 次低谷，且高峰和低谷之间的价格相差很大。2000 年 12 月份达到最高峰，头路皮 70 元/张，此后皮张行情一路下滑，至 2002 年春节前，价格猛跌，头路皮最低只有 28 元/张。2002 年春节过后，獭兔皮价格开始平稳上升，到 2004 年 5 月份，头路皮已达到 50 元/张。但此后价格逐渐下降，至 2005 年上半年，市场萧条，价格低，皮货商对皮张质量要求苛刻。进入 2005 年秋季之后，獭兔皮市场出现回升，优质兔皮有较高的价位，一般特级、一级兔皮在 45～55 元/张，但质量较差的兔皮销路不畅，价格仍然很低。2005—2007 年为平稳期，价格在 38 元/张左右，2008 年 10 月至 2009 年 9 月，受国际金融危机的影响，皮张价格再度下挫，普遍在 30 元/张以下，2009 年 10 月，獭兔迎来了新一轮的复苏,至 2010 年 11 月,皮张价格最高达到 90 元/张,2.5 千克的商品活獭兔每只达到 110 元。

为加速产业发展,提高市场竞争力,加强了獭兔的选育,使得獭兔成年体重明显增加,出栏时间缩短,质量显著提升,优质皮比例大幅度提高,并开始对外出口种兔。在此基础上培育了国家级新品种吉戎兔,打造了被国内外众多客商认可的浙江"宁波路"獭兔品牌。

目前獭兔产业发展存在几个问题:一是拥有自主知识产权的品种太少,市场上基本是以美系獭兔、法系獭兔和德系獭兔及其杂交后代为主;二是因饲养管理、技术水平、饲料营养等因素,生产的优质皮比例不高;三是受外商需求的影响,国内市场价格调控较差,容易暴涨暴跌;丹麦、芬兰是皮毛强国,每年拍卖会的价格也会影响到国内皮毛的价格。

9. 我国獭兔产业发展趋势如何?

三大兔中獭兔业是一个新型产业,其皮张在裘皮中属于新兴商品,其皮具有"短、细、密、平、美、牢"的特点。"短"是指毛纤维极短,仅为 1.3～2.2 厘米,最理想的毛纤维长度为 1.6 厘米;"细"是指毛纤维横断面直径小、枪毛含量少;"密"是指皮肤单位面积内着生的毛纤维根数多,被毛丰满柔软;"平"是指毛纤维长短一致,整齐均匀,侧面看十分平整;"美"是指獭兔被毛颜色很多,多达 20 余种,色调美观,而且毛色纯正,色泽光润,外观绚丽多彩;"牢"是指毛纤维着生在皮板上非常牢固,不易脱落,板质坚韧。兔板皮纤维细致,制革后比较柔软,弹性及透气性好,可鞣制平纹革、皱纹革、绒面革及高档的油鞣革(用于高档精密光学仪器的擦拭、航空汽油的过滤等)。用獭兔皮做成的裘皮服装轻柔美观、大方优雅、保暖性好。特别是近几年裘皮服饰由过去的注重保暖向注重美观、时尚转变,趋于平民化。新上市的冬装不再是全身皮草,而是更多地把皮草使用在衣服的袖口、领子和衣服贴边上作为点缀,让人在感觉温暖的同时也多了一分时尚。在 2010—2011 年裘皮服装流行趋势发布会上,几乎所有的品牌服装都在冬装上运用了獭兔皮做毛领,引领了獭兔裘皮产业的发展。同时,獭兔皮可塑性强,在同一张皮张上能染出多种自己需要的颜色;近年来,喷图、套印、扎染、移植印模等印染工艺的运用,使得獭兔裘皮产品更加丰富多彩,消费者具有更多选择余地,市场更具竞争力。

另外,獭兔除在营养需要上较肉兔高一些,其生产模式、饲养管理、生产技术与肉兔基本一致,且因其商品兔生长周期比肉兔长,屠宰后肉质更加细嫩,是兔肉中的上等品,所以在一般行情下,饲养一只獭兔其兔肉销售收入可以冲抵 80% 左右的饲养成本。

在全球加强野生动物保护和国际时装平民化的前提下,獭兔产业发展前景最为看好,其饲养总量将超过毛兔,重点是向品种自主化、生产规模化、商品优质化、加工现代化和经营一体化方向发展。

10. 我国宠物兔发展前景如何?

广义上讲,世界上所有家兔均可作为宠物兔进行饲养观赏,但考虑到住宅的条件、饲料的节约、饲养的方便和特有外形的观赏性,我国宠物兔一般指体重不超过 2 千克的小型兔,现市场以荷兰垂耳兔(短毛垂耳兔)、长毛垂耳兔(美种费斯垂耳兔)、泽西长毛兔、狮子兔、荷兰侏儒兔、荷兰兔、熊猫兔(大型品种)等品种为主。目前,市场上高档纯种宠物兔每只价格不低于 700 元,普通的杂种宠物兔在 150~400 元。

宠物兔饲养起源于欧美,主要在德国、美国和英国。我国在 20 世纪 80—90 年代有部分爱好者开始饲养,其市场正式形成于

20世纪末至21世纪初,山东等地已有专业饲养繁殖宠物兔的种兔场出现,广州、上海等大中型城市已开始兴起观赏,饲养人群主要为时尚年轻人士。

伴随着中国经济高速发展的同时,我国居民的物质及文化生活在中国经济的增长过程中获得了极大的丰富,普通民众的日常生活不再以追求温饱为主要目标,对于情感及精神生活的追求被放到了前所未有的高度,饲养宠物成为民众日益紧张的生活之余首选的情感寄托及精神放松的方式,这给宠物兔的发展带来了新的机遇。同时,宠物兔饲养比犬、猫、鸟更有优势:一是饲料成本低,日粮配制以草料和粗纤维为主;二是兔漂亮可爱、安静温顺,不叫不闹不干扰邻居;三是管理方便,兔实行笼养,不会随便跑动,且出去携带容易。因此作为一种漂亮可爱、安静温顺的宠物兔正悄悄走进我们的生活,并随着宠物食品的推出、宠物用品的配套、宠物美容的发展、宠物医疗的完善,饲养宠物兔将成为一个新兴产业。

11. 我国实验兔发展前景如何?

兔是最早被使用的实验动物之一,其涉及药物研发、医学研究、教育教学、环境保护、军事航天、食品药品检验及安全性评价等诸多领域。18世纪狂犬疫苗的研究成功,就是以兔和鸟作为实验动物的,20世纪以来,兔被广泛作为实验用动物。

目前世界上实验兔有几十种,但国际通用的主要有日本大耳白兔、新西兰白兔和青紫蓝兔3种。实验兔用途广泛:一是可用作提取制药原料。如兔肝、胆、脾可分别提取肝浸膏、胆固醇、脾粉等贵重药物;兔脑是制激活酶的重要原料,可作调节抗凝剂的原料,用来治疗冠心病、静脉炎等疑难疾病。二是可生产特定生物抗体和生物制品,如猪瘟活疫苗、兔瘟灭活疫苗毒种的鉴定、传代和保种,猪瘟活疫苗(兔源)和兔瘟灭活疫苗的生产;另外猪肺炎支原体弱毒疫苗株、口蹄疫病毒弱毒疫苗株、牛瘟病毒弱毒疫苗株、狂犬病病毒的"固定毒"等都是经过兔体传代培育而成的。三是可用作医学研究、教学、生物制品和药品效价检验、化妆品和食品安全性评价等领域的试验。兔体温变化十分敏感,最易产生发热反应,发热反应典型、恒定,广泛应用于医用生物制剂的热源质检查;另外,利用实验兔热源反应是猪瘟活疫苗效力检验的"金标"方法。四是被应用于动物模型的研究,兔对多种微生物都非常敏感,可建立乙型脑炎、狂犬病、伪狂犬病、血吸虫、弓形虫等传染病的动物模型。

欧、美等发达国家实验动物科学起步早、发展快,实验动物标准化工作进展迅速,实现了供应商品化和社会化。我国实验动物工作起始于20世纪初,近10年来,政府为推动实验动物发展、加强实验动物的管理,加大了资金的扶持、制定了有关政策、逐步完善了机构设置、建立健全管理制度,使我国实验动物科学有了很大发展。但总体上我国包括实验兔在内的实验动物生产基础设施、技术力量和管理要求较国外落后很多,目前只有江苏、北京、上海、广州等地实验动物管理和生产处于全国前列。

随着科学研究的投入、生物制品和制药业的发展,实验兔的需求正呈快速上升趋势,而我国被科技部门认可的具有生产资质的实验兔企业不到150家,其生产总量只占需求量的20%,缺口很大;另外,实验兔市场较肉兔商品市场稳定且价格高,普通级兔一般每只单价在60~100元、清洁级在450元左右、SPF级在650元以上,利润空间非常大,因此实验兔的发展前景广阔。

实验兔的前期投入较大,其对基础设施、仪器设备、环境控制和技术力量要求非常高,并且需通过科技部门所管辖的实验动物管理委员会的认定,方可合法从事实验兔的生产。

12. 兔产品市场变化有什么规律?

兔产品作为商品的一种进行市场交易,价格的波动是正常的,影响其市场变化的因素很多,直接表象就是供求关系。对于养殖者来说,我们不能奢望市场价格永恒的平稳和持久的高价位运行,但每一次行情都是有规律可循,呈现周期性和波浪式发展,每个周期都有上升期—高峰期—下跌期—低谷期,组成渐进循环,周而复始的规律。

(1)上升期 家兔存栏总量较少,处于阶段性低位,种兔、商品兔及相应兔产品供不应求,导致价格日趋上升,养兔经济效益显著。在养兔赚钱效应影响下,诱导更多人介入养兔,出现卖种为主的现象,加剧了市场供应关系失调,价格持续上涨,从而进入高峰期。

(2)高峰期 在上升期兔产品价格接连上涨,甚至暴涨,市场行情火热,养殖处于暴利时期,出现炒种、见兔就是种和以次充好的现象,饲养人群迅速扩大,能繁母兔存栏迅猛上升,出栏快速增加,但生产性能普遍较差,生产后劲不足。

(3)下跌期 当出栏兔持续增加到一定数量时,市场供求关系发生改变,逐渐由供不应求转向供大于求,价格开始下滑,进入下跌期。此时大量库存兔产品也一并冲击市场,出现质优价低、质劣难售的现象,随之,售种停止,炒种也销声匿迹。养兔由盈利逐渐走向亏损,而且日趋严重。

(4)低谷期 由于兔产品持续价低滞销,养兔基本上无人问津,处于严重亏损状态,各地出现杀兔倒笼现象,社会存栏总量下降,市场供小于求。

另外,价格的波动存有地区差和季节差等现象。地区差主要受交通和信息传递不畅通、地区发展不平衡、市场发育不同步造成的;季节差一方面受供求关系的制约,另一方面受季节变化对兔产品质量影响而产生的。

生产中,肉兔、毛兔、獭兔市场变化时间周期有所差别:

肉兔饲养周期短、繁殖快,规模扩张迅速,在行情变化时,屠宰处理转向也快,一般2~3年为1个周期,波动频率较快,但调整幅度在±30%内,不如毛兔、獭兔大。近年来,肉兔市场基本稳定,活兔价格基本在每千克12元左右,高峰期每千克15元,低谷期每千克9.6元。同期广东、广西、四川和福建价格最高,在一年中7~9月份价格最低。

毛兔一方面因其产品兔毛价格受国外影响较大,另一方面因其规模化程度较低,其市场变化周期较长,一般好2年坏3年,且价格差异非常大;2008年以来,兔毛统货最低价每千克只有90元,高时达到210元。在一年中,1月、2月、3月、4月为国内市场需求旺季,4月、7月、9月、11月、12月为国外需求旺季。

獭兔因其皮张以直接和间接出口为主,其价格通常受国际裘皮5年一大变、3年一小变的行情所牵引,导致獭兔市场也存在相似的周期性波动现象。从2000年至今的这十几年间,獭兔皮市场经历了4次高峰、3次低谷,且高峰和低谷之间的价格相差很大;2008年以来,优质皮最低价每张只有38元左右,最高时达到90元。在区域上,浙江"宁波路"獭兔皮很受国内外客商的欢迎,价格也是最高的。从市场需求和价格变化基本可以看出,未来獭兔皮质量和价格将逐渐趋于一致,即优质兔皮受青睐,低质兔皮受冷落。

对于每个具体周期时间长短判断,不能一味照搬,需根据实际情况具体分析。

13. 影响市场变化的因素有哪些?

影响市场变化的因素除前面所说的市场供求关系外,还有品种质量、技术水平、国家政策、自然灾害和重大疫病等。

(1)供求关系　供求关系永远是影响兔产品市场波动的主要因素。要使市场回归正常,减少波动,有赖于供求关系的相对平衡和消费市场的进一步开拓。首先要推进适度规模经营,稳定产量,提高质量。其次要加速商品流通,规范市场经济秩序。最后要开展创新加工,培育市场,稳定国际市场,扩大国内市场。

(2)品种质量　良种是占有市场的核心竞争力。中小型兔场饲养时如果为图便宜,没有到正规、具有种兔生产资质的单位引种,所引进的种兔体型小,生产性能差,加上技术不到位,不注重选育,管理跟不上,饲料营养不全面等原因将会造成品种退化,饲养周期长,价格上不去。只有重视良种繁育,严格筛选,选育优秀的种群,才能生产出高质量的商品兔,创造良好的经济效益。生产中一定要谨防炒种,炒种只会导致数量的急剧增长,品质的严重退化,最终使市场波动,行情下滑,经济受损。

(3)技术水平　生产中如果不靠科技先行、强化选育,只是盲目扩大生产、粗放管理,没有科学的饲养管理和疾病防治能力,没有集约化的生产技术和规模化的生产水平,很难生产出优质产品来满足市场。对于中小型兔场,一定要加强技术培训、提高饲养管理水平、科学防治疫病,才能生产合格的商品,增加市场竞争力,提高经济效益。

(4)国家政策　随着经济改革的不断深化、国家对三农问题的重视、农业产业结构的调整和节粮型畜牧业的发展,养兔逐渐被纳入国家规划之中,为此极大地提高了兔产品市场竞争力,增强了抵御市场风险的能力和对市场的应变能力。但应注意一些地方政府乱用国家政策,出现为了政绩盲目生产和扩大规模,只重数量不重品质的现象,造成供需失调、价格偏低、生产受挫、农民受损。

(5)自然灾害和重大疫病　由于我国兔产业还处于起步阶段,抵御突发事件的能力还比较弱,特别是中小型兔场,一旦遇到自然灾害和重大疫病就面临倒闭破产,影响产量,导致市场货源不足,出现供需失衡。

14. 怎样降低市场风险?

为有效抵御市场风险,对于中小型兔场,一是要加强调研,准确掌握市场动态,了解兔产品价格行情;二是要加强技术培训,实施科学生产管理;三是加强品种选育,发挥良种生产能力,提供优质商品;四是根据市场现状,及时调整生产方向。

当行情处于低谷期时,我们就应该降低成本,减少损失。一方面,在饲养方式上做调整,减少精料的饲喂,多喂青饲料,同时加强防疫,减少疾病,降低死亡率;另一方面,加强种兔选育留种,提高种兔品质,及时淘汰老弱病残兔和不符合生产及商品用兔,缩小饲养规模,去杂留精,以备行情走出低谷时能迅速扩繁。

当行情处于高潮期时,我们应尽可能利用全价颗粒饲料饲喂,以缩短饲养周期,提高出栏率,生产出优质商品,增加效益;同时,注重加强对种兔的饲养管理,提高种公兔的精液质量和种母兔的繁殖性能,必要时可采用血配来提高产量,但此法不应常用,以免缩短种母兔的利用年限和降低品质。

生产中不管市场变化如何,行情价格高低,养殖者应树立以销定产、以销促产的观念,避免受市场波动的影响,减少经济损失。

15. 兔场兔群周转计划如何编制？

合理的周转计划是提高经济效益的有效途径，既能获得更多的兔产品，又能以最快速度扩大再生产，因此应抓好这项工作。兔群周转计划应根据本场笼位数量，年初兔群结构状况，上年繁殖情况，本年度拟引进、淘汰的数量和时间，年内生产计划，仔兔断奶时间和商品兔出栏时间，种群更新比例而制定。商品兔周转越快，饲养周期就缩短，饲料消耗降低，兔舍和笼器具的利用率就提高，单位成本减少，经济效益上升。

16. 兔场饲料生产（采购）计划如何制定？

饲料生产（采购）计划的制订，需根据兔场养殖规模来制定。通过计算平均每只兔每天饲喂量推算出全群每月、每年的饲料消耗，据此制定各阶段成品饲料的采购或依据饲料配方计算出各原料的需求量，制定合理的饲料生产计划，避免出现供应不均衡影响生产的状况。原料采购最好能提前半个月完成，成品饲料提前1周采购备用，以防天气和节假日因素影响生产；另外，中小型兔场一定要考虑饲料原料和成品料的保质期适量采购，并根据季节或天气及时调整采购量，避免饲料霉变中毒。对于中小型兔场，建议饲料采购实行就近、量少、多次的原则，并与供应商签好协议，如发现饲料可疑能给予调换，以减少饲料的损失，节约生产成本。

17. 兔场资金周转计划如何制定？

中小型兔场的周转资金主要用于购买饲料原料、疫苗兽药费用，支付水电、电话通讯费、工人工资福利、日常办公费、维修费、差旅费和应急资金等。

资金周转计划的制订主要考虑饲养的群体规模、雇用员工人数和产品销售资金回笼情况来制定。对于小型兔场，要将90％周转资金用于饲料原料及疫苗兽药的购买支出，5％用于水电费和其他日常开支，2％用于维修，3％作为其他和应急支出资金；对于中型兔场，70％周转资金用于饲料原料及疫苗兽药的购买支出，10％用于工人工资福利支出，8％用于水电费、通讯费支出，2％用于办公费用支出，5％用于笼器具的维修，5％作为其他和应急支出资金。

周转资金的重要性在于每一次周转可以产生营业收入及创造利润，是企业盈余的直接创造者，因此要加速周转资金的流动，减少周转资金的占用，促进兔场良性发展。对于周转资金的额度要根据具体情况决定，其原则为既要保证生产经营需要，又要不至于资金太多被闲置浪费，实现节约、合理使用，使资金利用率最大化。生产中要加强周转资金的管理，其只能用于生产经营周转的需要，不能用于基本建设和其他开支。

18. 兔场人员结构如何确定？

人员是从事养殖生产的主体，是养好兔的关键因素之一，一个完善的人员结构组织能有效地提高生产效率。按照企业正常组织框架由管理人员、技术人员、生产人员、销售人员、采购人员等组成。

对于中小型兔场，不需要如此多的工作人员。小型兔场是夫妻搭档或利用一个劳动力来从事养殖生产的，实际上所有工种均是一人挑，不存在组织结构情况。中型兔场已经雇用人员来扩大生产，其有管理人员、技术人员和生产人员，具体为场长1名，畜牧兽医技术人员1名，饲养人员3～4名，生产中的销售人员和采购人员一般为管理人员或其他人员来兼,不会专门配备,以便节约劳力,降低生产成本。

19. 兔场生产采取什么样的管理模式好?

我国兔业生产的管理模式主要有 3 种:一是小型兔场因规模、劳动力因素实行的庭院经营管理模式;二是以中型兔场为主实行的承包经营模式,对员工规定明确的生产任务和制定具体的考核指标;三是大型企业实行以专业分工为基础的工厂化生产模式。工厂化生产方式利于统一供料、统一饲养、统一防疫、统一上市,便于统一管理和控制食品安全。随着科技水平的提升和配套设施的完善,以专业分工为基础的工厂化生产模式将是兔产业的发展趋势,但目前我国绝大多数仍是庭院经营模式和承包经营为主体的管理模式。

小型兔场因投资人也是具体工作人员,其不是以养兔为主要工作或经济来源,严格讲谈不上管理。

中型兔场因规模不大,人数较少,主要以商品生产为目的,因此在管理中实行承包责任制较好,其模式为:发放基本工资,承包一定数量的繁殖母兔,承担此群兔的繁殖、饲料加工、饲养、免疫、消毒和清扫等工作;管理中实行考核制度,规定每只母兔全年需上交商品兔数量,超过规定的指标,超过数量每只奖励多少钱,如完不成相应指标,差额部分每只兔在基本工资中扣除相应金额。这种管理模式的优点是:管理者不要每天布置具体的任务,每个承包人会对其承包的兔精心管理,利于调动大家的积极性,提高经济效益。

20. 怎样制定兔场饲养人员的劳动定额?

兔场生产管理的主要任务是,明确每一名员工的工作职责,调动每个成员的积极性。劳动定额就是给每个员工确定劳动职责和劳动额度,要求达到的质量标准和完成时间,做到责任到人。一般规定每个饲养员饲养的种母兔数和工作的内容,年底需完成的指标——上交合格的商品兔,以及物资、药品、水电费的使用额度。劳动定额是贯彻按劳分配的重要依据,要做到奖罚分明,多劳多得。在落实责任制时根据兔场实际情况、设施条件、职工素质制定生产指标,指标要适当,在正常情况下经过职工努力,应有奖可得。

21. 怎样进行饲养人员的考核?

在岗位责任制的前提下,根据兔场相关的规章制度和年初签订的责任状,对员工进行业务考核,根据每名员工的实际工作业绩给予奖励。考核的内容为:制度遵守情况、指标完成情况(或具体为家兔受胎率、产仔率、断奶数、育成数和成活率)、饲料消耗量、疫苗兽药使用费、生产物资的使用状况及家兔整体体质等情况;考核的结果是根据制定的目标和实际完成任务来确定劳动报酬,做到按劳分配,多劳多得,有奖有罚,充分调动员工工作的积极性,挖掘每名员工的生产潜力,压缩非生产人员,减少劳动成本的支出,提高生产水平和劳动效率,增加经济效益。

22. 兔场应建立哪些规章制度?

完善的、严格的场规和场纪是经营管理的保证。兔场在生产中必须建立和健全适合本场实际情况的各种规章制度,以法治场。规章制度包括管理制度和生产操作规程,管理制度有职工守则、考勤制度、财务制度、生产安全制度、仓库管理制度、考核奖惩制度、设施设备维修制度等;生产操作制度规程有饲养管理操作规程、生产记录管理制度、卫生防疫制度、消毒制度、技术培训制度等。

23. 制定规章制度应遵循的基本原则是什么？

规章制度是为科学管理兔场，充分调动员工的积极性、创造性，保障兔场和员工双方合法权益而制定。其制定应遵循四大原则：一是目的性原则。规章制度的制定要以兔场长期发展为目的，并将兔场的经营理念和追求的核心价值制度化，否则，制定出来的规章制度很可能发生头脚错位，无实际指导性。二是可操作性原则。规章制度必须具有可操作性，要针对兔场现有情况全方位衡量来制定，否则就无法实施。因此，规章制度要求不宜太高，在员工认真执行的情况下基本上能达到其要求比较好，否则，即使员工努力也无法完成，规章制度很可能会夭折，并使得员工对规章制度产生厌恶和抵触情绪。三是责权明确原则。对于遵守规章制度或完成了规章制度规定的任务后，应有明确的奖励措施，对于违反规章制度或未达到制度规定的要求需有明确的处罚规定，否则规章制度很难具体落实。四是系统性原则。规章制度必须尽可能考虑到兔业生产和管理中各种可能情况，做到有章可循。

24. 兔场如何与科研院校相结合？

中小型兔场是一个养殖生产企业，具有资源优势，但技术力量较薄弱；科研院校是一个教学和研究的场所，拥有先进生产技术，但缺少一定规模数量的研究的对象。因此，中小型兔场要主动与科研院校联系，建立合作关系，实现资源共享，提升兔场技术含量。

兔场与科研院校结合的方式有多种，目前主要有：建立校企联盟（实现项目申报捆绑式、技术研究和推广一体化），成为科研院校的实习或试验基地(吸引专业人才来场开展试验),聘请专业人员作为顾问(为企业发展出谋划策和解决生产技术难题)。

合作时,兔场要为科研院校提供试验场地、交通、住宿等方便,配合开展相应试验工作,严格执行试验操作规程。同时,兔场也可明确要求科研院校为其解决具体问题。

25. 单一养殖好还是复合经营好?

经营方式不能一概而论,其由经营策略、技术水平、规模大小和资金实力而定。对于大规模生产,为增加应对市场的风险能力,提升产品的附加值,在条件允许的情况下从事复合经营比较好,这样多种途径经营能有效避免某一产品市场低迷或某一中间环节受制于人带来的风险,同时能增加企业利润,促进企业良性发展。对于大多数中小型兔场,我们从内心都想多种经营,延伸产业链,复合发展,提高市场竞争力和经济效益,但我们没有足够的资金开辟新的投资项目,现有规模生产出的产品量也不能满足其他项目的需求,且技术力量的缺失也无法实现复合经营。因此建议从事单一养殖较好,这样能全身心投入其中,实现精细管理,提高兔产品的质量和出栏率,同样能增加经济效益;在此基础上可利用兔场自有兔粪适当种植一些果木或蔬菜,实现畜牧养殖与种植业的结合,做到兔粪的回田利用,降低环保压力,生产有机绿色食品,实施循环农业发展模式。

26. 怎样进行兔场财务管理?

兔场的财务管理首先要明确生产中成本的构成和收入的来源;其次是分析不同成本的所占比例及变化情况,寻求资产和资金的最佳配置;再次科学核算不同阶段兔的成本及影响因素,做好相应的控制；最后加强经费管理，配置好流动资金，分配好支出项目，加速销售商品的资金回笼。同时，养殖户应学会记账、查账，包括资金投入、物质、设备、人力的计算与总结，以及收入变动的检查等，同时要掌握基本的审查预算与决算的基本知识。

财务管理的目的就是降低生产成本，提高资金的使用率，增加经济效益。

27. 兔场生产成本包括哪些内容？

生产成本是指与兔产品生产有关的直接、间接费用。直接费用是为了家兔及兔产品生产而直接消耗的材料和人工费用，如饲料费、医药费、燃料动力费、低值易耗品、修理费等直接材料费，职工工资和福利等直接人工费，固定资产折旧、种兔摊销等固定成本的摊销费；间接费用则是用于组织生产经营管理人员的工资福利及生产经营中的水电费、办公费、维修费、运输费等，与家兔及兔产品生产相关但不直接计入产品成本的费用，其中固定资产折旧费和种兔摊销费计算公式如下：

固定资产年折旧费＝固定资产投资总额÷固定资产使用年限

种兔年摊销费＝（种兔原值－种兔残值）÷种兔使用年限

28. 如何进行成本分析？

成本分析是兔场财务管理的依据，是对兔场中所有费用支出进行分析对比，并找出影响成本变化的原因和解决的方法，控制成本上升，充分利用现有的资源进行生产，节约资金，实施降低成本的措施。成本构成从另一个角度划分，可分为固定成本和可变成本。固定成本一般指购置土地和建造兔场场房费用的摊销或租赁费用，机械设备和笼器具等费用的折旧，兔场管理费，基本工资等，这些费用在正常情况下兔场都必须按期支付。作为固定成本,只要产量不突破某一特定范围,其数量会稳定在某一既定水平上。在这一特定范围内,随着产量的增加,生产单位兔产品的固定成本会降低。可变成本是指随着产量的增减而发生相应变化的费用,如饲料、医药费、水电费、临时工工资等,但可变成本同产量不是成比例变化。由于固定成本在一定时期内是不变的,所以兔场在一定时期内成本的增加或减少主要在于可变成本的变化,因此我们重点分析可变成本、控制可变成本。但我们不能以产量的增减或可变成本的增减作为兔场经营好坏的标志,而是应同兔场整体效益结合起来看待。在生产中可变成本分必须支出和非必须支出,对于必须支出,我们着重研究如何提高其使用报酬,增加经济效益;对于非必须支出,要根据生产实际需求和资金能力而定,原则上是减少支出或不支出,降低生产成本。固定成本一般不会变化,但并不是说我们就不需对其分析和控制,特别是固定资产,因其一次性投资较大,所以必须有计划地提取固定资产的折旧,合理购置固定资产,并加强使用、维修和管理制度,提高固定资产的利用率和利用效果。

29. 兔场生产成本如何核算?

成本核算是对生产销售中所发生的费用进行记录、计算、分析和考核的会计过程。其步骤为:一是确定核算的具体对象,一般在生产中可把家兔按年龄分为种兔、后备兔、幼兔、商品兔等群体;二是根据对象明确成本开支范围和核算的具体项目,计算各部分支出的费用并把其全部归集;三是计算总成本,为直接费用、间接费用之和;四是建立明细账和计算表,分析各个项目、各个时期开支情况和变动状况。

30. 种兔的生产成本如何控制？

种兔的用途就是繁殖生产商品兔，其生产成本的控制就是要提高繁殖性能，加大繁殖利用率，减少无用或低性能种兔的饲养，节约饲料、兽药疫苗支出，提高笼位占有度和降低人员管理成本。

对于种公兔，一是依据基础母兔控制合理的种公兔群体量，数量过大，浪费资源，增加饲养成本；数量过少，不能满足配种需求，增加空怀期母兔数量，同样增加饲养成本。二是合理更新，精心饲养，选择优良公兔作为种兔，淘汰性欲不好、配种结果不理想、精液质量较差、年龄偏大的种公兔，确保所有种公兔能配种使用，提高利用率。三是根据是否处于配种期及时调整饲料配方。

对于种母兔，一是充分利用母兔繁殖周期，减少空怀时间，提高年产仔窝数。二是选强淘弱，对于母性不好、泌乳力较低、连续多窝产仔数偏低、不易受胎、个体偏小、具有遗传疾病或繁殖疾病的母兔及时淘汰。三是根据繁殖所处的空怀期、妊娠期、哺乳期等不同阶段，及夏季与其他季节不同营养需要合理调整饲料配方，避免饲料营养不足或浪费，以降低生产成本。

31. 商品兔的生产成本如何控制？

商品兔是饲养者直接产生经济效益的来源，其成本高低决定兔场利润。对于肉兔、獭兔主要是以出栏合格商品兔作为衡量生产水平指标，对于毛兔主要以产毛量来衡量生产水平。成本控制中主要做好以下工作：一是引进优质品种。在同等管理水平、饲料消耗前提下，良种生产水平明显高于劣质品种，显著增加经济效益，间接降低了生产成本。二是加强饲养管理，做好防疫工作，提高商品兔的成活率和出栏率。三是加强营养调控，商品适时上市。

肉兔重点缩短饲养周期及时出栏，獭兔适龄上市并提高优质皮的上市量的比例，毛兔及时剪毛增加产毛量。四是根据行情、季节合理安排商品兔的生产。一方面当行情好时，加大繁殖，生产更多商品，以分摊相关成本；另一方面夏季是肉兔、獭兔市场行情较差时间段，生产中尽可能在此之前将商品兔出栏，春、秋季是繁殖的最佳时期，把握时机，做好繁殖生产工作。五是加强饲料和疫苗兽药的管理。生产中避免饲料添加过多而霉变或被家兔刨撒、老鼠吃掉浪费，根据实际需要选择使用疫苗兽药，避免既浪费钱又增加工作时间。六是调动员工积极性，增加个人饲养量，减少兔场用人总数。

32. 怎样降低饲料成本？

饲料费用占养兔成本的 70% 以上，要降低饲料成本，一是根据家兔生长发育的规律和其对营养的需要进行科学配制，提高饲料利用率，可取得最佳的经济效益。特别是采用颗粒饲料比自然单一饲料饲喂效益要高，可以减少疾病发生，提高繁殖率和生长发育速度，提高产品的产量和质量。二是充分开发当地非常规饲料资源，减少对外来调运饲料的依赖程度，有效降低饲料成本；同时，对于中小型兔场可在应用颗粒饲料的基础上，种植一些青绿饲料来搭配使用，既能提高母兔的繁殖性能又能降低饲养直接成本。三是根据季节和繁殖周期适时调整营养配方和饲喂量，至于具体的饲喂量和饲喂时间需根据实际情况而定，不可一概而论、机械执行，以免造成饲料的浪费。

33. 兔场经济效益低下的主要原因是什么？

影响兔场经济效益低下的因素很多，归纳起来主要有以下几点：一是品种质量低劣。品种是养兔生产的核心要素和生产基础，种兔质量的好坏,直接关系到养兔的经济效益和兔场的长期发展。品种质量不好,会出现繁殖性能差、饲料消耗大、生长速度慢、抗病力弱等情况,严重影响饲养效益。二是管理不当。生产中有好品种,但如果管理不到位,就会出现工作安排不合理、职工积极性不高、饲料浪费严重,间接增加了生产成本,只能达到事倍功半的效果,所以常说管理出效益就是这个道理。三是疫病综合防治不到位。病的发生直接危害到兔的生存,生产中如未科学接种疫苗或购买的疫苗不合格、消毒不彻底或次数剂量不够、病兔治疗不及时、死兔没有按规定处理都易引起各种疫病的发生,影响兔群成活率,直接影响经济收入。四是饲料配制不科学。营养关系到家兔的生长,一个好的饲料能缩短饲养周期、提高产毛量、增加优质皮的上市率;如果饲料配制不合理、不符合家兔的生理需要,不但不能达到其预期的生产性能,甚至会增加死亡率,导致母兔年出栏数明显下降。五是技术缺失。一个兔场不管大小,都要具备一定的技术力量(可以是畜牧兽医专业人员,也可以是后天学习培训而来的员工),而我国中小企业的现状却是自我经营为主,没有聘请相应的技术人员,自己也没有经过专业培训,只有一批雇用来的没有技术的饲养员,不懂科学饲养管理和卫生防疫技术,导致兔场生产效率低下、规模不能有效壮大、疫病时常发生。六是兔舍兔笼设计不科学合理。兔场设计是否科学合理,直接关系工作效率和饲养环境。如兔场间距、笼位大小和层数、粪沟样式、通风等设计不科学,将会造成土地资源浪费、兔舍环境不理想、员工饲喂和清扫操作不方便,导致固定成本投入增加、家兔死亡率居高不下、员工工作效率上不去。

34. 中型兔场雇用工人如何提高饲养人员的积极性?

提高饲养员的积极性主要做好"法治"和"人治"两个方面。何谓法治？就是将《劳动法》规定的饲养员所享受的保险和福利待遇给齐,工资及时发放;工作中要做到奖惩有据,对于完成相应任务或指标的饲养员要给予奖励和表彰,树立榜样;因人配置岗位,重视技术能手,充分发挥其生产能力,做到分工不同、贡献不同、责任不同、收益不同,尽可能实现高工资少人手,调动饲养员生产积极性,提高生产效率。何谓人治？就是要经常与饲养员谈心,关心其在工作和生活中有无困难,对有困难的饲养员尽可能给予解决,让饲养员高兴为你工作;对于工作出色的饲养员,作为奖励可以给予其外出培训的机会,提高其技术水平,增加其成就感;营造一个良好的团队氛围,饲养员可能分工不同、收益不同,但人无高低之分,尊重个人权利,对于员工中不良现象要及时制止,多举办一些集体活动增强凝聚力,过年过节尽可能与饲养员一起共同欢度,让其有家的感觉。

35. 如何制定兔场的产品销售策略？

销售对于养殖者而言关系到兔产品能否实现价值、变成利润的关键的环节。因此要加强营销,制定相应策略,提升产品价值。一是加强市场调研与分析。对兔产品市场的历史、现状及其发展趋势等情况进行调研,认识其发展变化规律,分析兔产品市场供求关系和市场行情动态。同时,调研中要有目的性、针对性、系统性,做到有的放矢,全面了解。二是通过调研进行准确的市场定位,选择适合自己并能充分发挥自身优势的消费群体从事营销。三是根据市场需求和自身产品特点进行合理的价格定位。价格的变化,直接影响消费者的购买能力,也关系到生产经营者盈利目标的实现,因此,在制定价格时,需考虑商品成本、市场需求和竞争状况三大因素。四是明确销售形式。销售有直接销售和间接销售两种形式,对于中小型兔场必须要依据自身实际情况来确定适合自己的销售途径,对于活兔及兔皮、兔毛、白条兔肉等产品一般都是以间接销售为主,但应尽量选择中间环节少的销售形式,以最快速度出售给终端消费者,避免拖延造成经济损失。五是加强宣传,提升知名度,让兔产品能及时被客户熟知,扩大销售渠道和销售量。而目前兔产品宣传主要有交易展览会、报纸杂志、广播电视、网络媒体、橱窗广告和墙体路牌广告等。对一些中小型兔场一定要量力而行,选择符合自己的媒体进行兔产品的广告宣传,不可一味求大。六是完善销售管理,建立质量跟踪体系,做好售后服务工作。如对于一些中小型种兔场,出售种兔时可提供技术指导和培训,进行跟踪服务,提供市场信息等。售后服务是企业参与竞争的一种手段,它能给企业树立良好的社会形象,带来更广的顾客群体,创造更多的经济效益。

二、兔场设计与规划

1. 在什么地方适合建规模兔场?

规模兔场的选址很重要,是养兔生产成败的关键因素之一,应以便于生产经营管理、利于疾病防疫和保证兔群健康为原则。要充分考虑家兔的生活习性、建场地点的自然与社会条件,以及生产经营长远发展的需要。若采用"颗粒料+青饲料"饲喂方式,须充分考虑配套适宜、充足的饲料基地。如有地方标准,可以参照实施。通常宜遵循以下原则:

(1)地势 兔场应选在地势高燥、有适当坡度、背风向阳、地下水位低、排水良好的地方。为便于排水,兔场地面要平坦或稍有坡度。

(2)水源及水质 在选择兔场场址时,应将水源作为重要因素考虑。兔场水源的水量要充足,水质良好,便于保护和取用,水源周围没有工业和化学污染以及生活污染等,并在水源周围划定保护区,保护区内禁止一切破坏水环境生态平衡的活动以及破坏水源林、护岸林、与水源保护相关植被的活动;严禁向保护区内倾倒工业废渣、城市垃圾、粪便及其他废弃物;运输有毒有害物质、油类、粪便的船舶和车辆一般不准进入保护区;保护区内禁止使用剧毒和高残留农药,不得滥用化肥,不得使用炸药、毒品捕杀鱼类。

一般兔场的需水量比较大,包括饮水、粪尿的冲刷、用具与笼舍的消毒和洗涤以及生活用水等。因此,选址时必须优先考虑要有充足的水源,同时注意水质状况,符合饮用水标准,如《无公害食品 畜禽饮用水水质(NY 5027—2008)》、《生活饮用水卫生标准

（GB 5749—2006）》。较理想的水源是自来水和卫生达标的深井水；江河湖泊中的流动活水，未受生活污水及工业废水的污染，稍做净化和消毒处理，也可作为生产生活用水。

（3）交通及周围环境　家兔生产过程中形成的有害气体及排泄物会对大气和地下水产生污染，因此兔场不宜建在人烟密集和繁华地带，而应选择相对偏僻的地方，有天然屏障（如河塘、山坡等）作隔离则更好，但要求交通方便，尤其是大型兔场。兔场不能靠近公路、铁路、港口、车站、采石场等，也应远离屠宰场、牲畜市场、畜产品加工厂及有污染的工厂。为做好卫生防疫，兔场应距离村镇或其他畜禽场不少于 3 000 米，以形成卫生缓冲带，并且处在居民区的下风口，尽量避免兔场成为周围居民区的污染源。此外，规模兔场，特别是集约化程度较高的兔场，用电设备比较多，对电力条件依赖性强，兔场所在地的电力供应应有保障。

（4）面积　兔场用地一要考虑未来发展，二要根据"颗粒料＋青饲料"的日粮结构，配备足够的饲料用地。通常以每只基础母兔及其仔兔占 0.6 米^2 建筑面积计算，兔场建筑系数为 15％。山东省《种兔场建设标准（DB 37/T 309—2002）》中建议：1 只基础母兔及其仔兔按 1.5～2.0 米^2 建筑面积计算，1 只基础母兔规划占地 8～10 米^2。

养殖场（户）选好规模化兔场用地后，应及时向相关部门提出用地申请，确认该地是否可以用作养殖生产。获批后，根据规模用地管理办法兴建兔场。

2. 中小型兔场需要多大的场地？

除种兔场外，兔场规模至今没有严格意义的区分，通常依据兔场定位、饲养品种、存栏繁殖母兔数量和年提供商品兔数量界定。此外，我国兔场大多种兔生产和商品生产同时进行，也增加了兔场规模界定的难度。

唯一明确的是，国家《种畜禽生产经营许可证管理办法》中规定了种兔场的生产群体规模，单品种一级基础母兔500只。因此，依据1只基础母兔规划占地10米^{2}计算，种兔场至少需要占地5 000米^2。

生产中，将繁殖母兔100只以下的称为小型兔场，1 000只以上的称为大型兔场，介于二者之间的称为中型兔场。山东省《种兔场建设标准(DB 37/T 309—2002)》中提出了种兔场的建设规模，以年出栏兔或存栏基础母兔的数量表示时，小型兔场年出栏商品兔不超过5 000只，年存栏基础母兔不超过200只；中型兔场年出栏商品兔5 000～20 000只，年存栏基础母兔200～800只；大型兔场年出栏商品兔不低于20 000只，年存栏基础母兔不低于800只。

笔者建议，商品兔场的规模可综合上述标准。肉兔、獭兔：小型兔场年存栏基础母兔不超过200只，中型兔场年存栏基础母兔200～1 000只；长毛兔：小型兔场年存栏基础母兔不超过100只，中型兔场年存栏基础母兔500只。依据1只基础母兔规划占地10米^{2}即可推算出兔场占地面积。

对于规模大小，因人因地而综合考虑，要在市场经济的指导下具有商品经济的意识，要权衡市场需求和资金投入进行效益分析，根据技术水平、管理水平、生产设备等实际情况而定。在发展养兔生产中，应根据自身的实际情况，来选择适宜的饲养规模和饲养方式，才能达到预期的效果。但规模大小并非固定不变，要随着社会的发展，科技的进步，技术和管理水平的提高，服务体系的完善等，不断地加以调整。

3. 怎样利用林地和果园建场养兔?

实施林地或果园养兔前，一是要进行林地或果园养兔(图1)

的可行性分析。所选林地或果园间是否满足兔场选址要素:地势高燥、排水顺畅;水源充足、水质好;通风良好、光照充足;易于防疫,交通便捷;配套设施完善等。二是建议选择林地以中成林为佳,最好是成林林地,夏季树叶茂盛利于防暑降温,冬季阳光充足,可以保温。三是做好室外商品兔舍和室内繁殖种兔舍的建设。充分利用林间或果园间距规划室外兔舍类型,同时做好降温或保暖设施配套。四是加强饲养管理,做好疫病防控。林间和果园切忌喷洒农药,注意预防鼠害和兽害。五是因地制宜,做好粗饲料的收集和加工工作。六是可以充分利用空地,种植牧草或农作物,满足兔对青饲料的需要。

图1 林地和果园建场

4. 兔场如何规划和布局?

兔场是工作人员生产管理和家兔生活的共同区域,因此兔场规划以便于饲养操作和生产管理、利于疾病防疫和兔群生活等方面为目标,既要做到土地利用经济合理,布局整齐紧凑,又要遵守卫生防疫规范。一个结构完整的规模化兔场,可分为生产区、管理区、生活区和辅助区四部分。

(1)生产区 是兔场的核心部分,其朝向应面对兔场所在地区的主风向。为了防止生产区的气味影响生活区，生产区应与生活区并排，且处偏下风位置。为便于通风，兔舍长轴应与主风方向垂直。两栋兔舍间距离10米左右，其间可种植牧草等。生产区内部应按核心群种兔舍→繁殖兔舍→育成兔舍→幼兔舍的顺序排列，并尽可能避免净道和污道交叉。整个生产区应由围墙隔离，并视情况设门1～2个，门口必须设有消毒池。消毒池上必须有防雨篷，以防雨水冲淡消毒液。

（2）管理区　是办公和接待来往人员的区域，一般由办公室、接待室、陈列室和培训教室等组成。其位置应尽可能安排在靠近大门口，便于对外交流，也可减少对生产区的直接干扰和污染。

（3）生活区　主要包括职工宿舍、食堂等生活设施。其位置可以与生产区平行，靠近管理区，但必须处在生产区的上风方向。

（4）辅助区　分两个小区，一区包括饲料仓库、饲料加工车间、干草库、水电房等；另一区包括兽医诊断室、病兔隔离室、死兔化尸池等。由于饲料加工有粉尘污染，兽医诊断室、病兔隔离室经常接触病原体，因此，辅助区必须设在生产区、管理区和生活区的下风方向，以保证整个兔场的安全。隔离及粪便尸体处理应符合兽医和公共卫生的要求，安排在下风方向、地势较低处，与兔舍保持一定的距离，四周应有隔离带和单独出入口。

各个区域内的具体布局，应遵循利于生产和防疫、方便工作及管理的原则，合理安排。

5. 为什么说养兔要讲究硬件建设？

养兔场的硬件建设主要包括兔舍及养殖配套设施、设备，如兔笼、饲料加工机械、通风设备。硬件建设直接影响家兔的健康、生产力的发挥和饲养人员劳动效率的高低。

硬件建设的目的主要有：一是从家兔的生物学特性出发，满足家兔对环境的要求,以保证家兔健康地生长和繁殖,有效提高其产品的数量和质量。二是便于饲养人员的日常饲养管理、防疫治病操作,从而提高劳动生产率。三是着眼因地制宜、因陋就简,保证生产经营者的长期发展和投资回报。

硬件建设的要求有:

(1)最大限度地适应家兔的生物学特性 兔舍设计应"以家兔为本",充分考虑家兔的生物学特性。家兔有啮齿行为,喜干燥、怕热耐寒,因此应选择地势高燥的地方建场,兔笼门的边框、产仔箱的边缘等凡是能被家兔啃到的地方,都应采取必要的加固措施,如选用合适的、耐啃咬的材料。

(2)有利于提高劳动生产率 兔舍设计不合理将会加大饲养人员的劳动强度,影响工作情绪,从而降低劳动生产率。通常,兔笼设计多为 1～3 层,室内兔笼前檐高 45～50 厘米,如果过高或层数过多,极易给饲养人员的操作带来困难,影响工作效率。

(3)满足家兔生产流程的需要 家兔的生产流程因生产类型、饲养目的的不同而不同。兔舍设计应满足相应的生产流程的需要,不能违背生产流程进行盲目设计,要避免生产流程中各环节在设计上的脱节或不协调、不配套。如种兔场,以生产种兔为目的,应按种兔生产流程设计建造相应的种兔舍、测定兔舍、后备兔舍等;商品兔场则应设计种兔舍、商品兔舍等。各种类型兔舍、兔笼的结构要合理,数量要配套。

(4)综合考虑多种因素,力求经济实用 设计兔舍时,应综合考虑饲养规模、饲养目的、家兔品种等因素,并从自身的经济承受力出发,因地制宜、因陋就简,合理配备自动饮水器、饲料加工设备和通风装置,不要盲目追求兔舍的现代化,要讲究实效,注重整体合理、协调。同时,兔舍设计还应结合生产经营者的发展规划和设想,为以后的长期发展留有余地。

6. 兔舍形式什么样的好？

我国地域辽阔,气候条件各异,养兔历史悠久,饲养方式、经济基础各异,因此要依据饲养目的、方式、饲养规模和经济承受能力决定兔舍类型。随着我国规模化养兔业的发展,家兔养殖应首选笼养。笼养具有便于控制家兔的生活环境,便于饲养管理、配种繁殖及疫病防治等优点。建筑材料除常用的砖、水泥外,彩钢板已得到逐步应用,搭建方便迅捷。

目前生产中常见的兔舍形式有:室外兔舍、室内兔舍两种。

(1)室外单列式兔笼　兔笼正面朝南,利用3个叠层兔笼的后壁作为北墙。采用砖混结构,单坡式屋顶,前高后低,屋檐前长后短,屋顶、承粪板采用水泥预制板或石棉瓦,屋顶可配挂钩,便于冬季悬挂草苫保暖。为适应露天条件,兔舍地基要高,最好前后有树木遮阴。这种兔舍的优点是结构简单,造价低廉,通风良好,管理方便,夏季易于散热,有利于幼兔生长发育和防止疾病发生。缺点是舍饲密度较低,单笼造价较高,不易挡风雨,冬季繁殖仔兔有困难(图2)。

(2)室外双列式兔舍　中间为工作通道,通道两侧为相向的2列兔笼。兔舍的南墙和北墙即为兔笼的后壁,屋架直接搁在兔笼后壁上,墙外有清粪沟,屋顶为"人"字形或钟楼式,配有挂钩,便于冬季悬挂草帘保暖。这类兔舍的优点是单位面积内笼位数多,造价低廉,室内有害气体少,湿度低,管理方便,夏季能通风,冬季也较容易保温。缺点是易遭兽害,缺少光照(图3)。

(3)室内单列式兔舍　兔笼列于兔舍内的北面,笼门朝南,兔笼与南墙之间为工作走道,与北墙之间为清粪道。这类兔舍的优点是通风良好,管理方便,有利于保温和隔热,光线充足。缺点是兔舍利用率低(图4)。

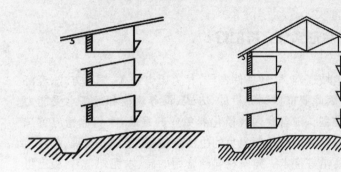

图2 室外单列式兔舍   图3 室外双列式兔舍

（4）室内双列式兔舍 有2种类型,即"面对面"和"背靠背"。"面对面"的2列兔笼之间为工作走道,靠近南、北墙各有1条粪沟；"背靠背"的2列兔笼之间为粪沟,靠近南、北墙各有1条工作走道。这类兔舍的优点是通风透光良好,管理方便,温度易于控制。但朝北的一列兔笼光照、保暖条件较差。同时,由于空间利用率高,饲养密度大,在冬季门窗紧闭时有害气体的浓度也较大（图5）。

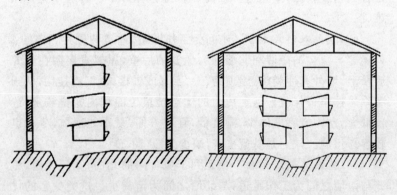

图4 室内单列式兔舍   图5 室内双列式兔舍

（5）室内多列式兔舍　结构与室内双列式兔舍类似，但跨度加大，一般为 8～12 米。这类兔舍的特点是空间利用率大。安装通风、供暖和给排水等设施后，可组织集约化生产，一年四季皆可配种繁殖，有利于提高兔舍的利用率和劳动生产率。缺点是兔舍内湿度较大，有害气体浓度较高，家兔易感染呼吸道疾病。在没有通风设备和供电不稳定的情况下，不宜采用这类兔舍（图 6）。

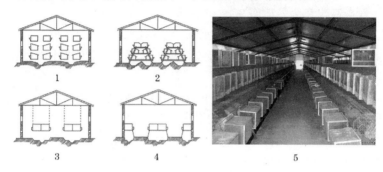

图 6　室内多列式兔舍
1. 室内四列式兔舍　2. 室内四列阶梯式兔舍　3. 室内单层悬挂式兔舍
4. 室内四列式单层兔舍　5. 封闭式兔舍

7. 如何设计兔舍？

为了充分发挥家兔的生产潜力，提高养兔经济效益，兔舍设计必须符合家兔的生活习性，有利于其生长发育、配种繁殖及提高产品品质；有利于保持清洁卫生和防止疫病传播；便于饲养管理，有利于提高饲养人员的工作效率，有利于实现机械化操作。固定式多层兔笼总高度不宜过高，为便于清扫和消毒，双列式兔舍工作走道宽以 1.5 米左右为宜，粪尿沟宽应不小于 0.3 米。

（1）建筑材料　要因地制宜，就地取材，尽量降低造价，以节省投资。由于家兔有啮齿行为和刨地打洞的特殊本领，因此建筑材料应具有防腐、保温、坚固耐用等特点,宜选用砖、石、水泥、竹片及镀锌金属材料等。

(2)设施要求 兔舍应配备防雨、防潮、防风、防寒、防暑和防兽害的设施,以保证兔舍通风、干燥,光线充足,冬暖夏凉。屋顶有覆盖物,具有隔热功能;室内墙壁、水泥预制板兔笼的内壁、承粪板的承粪面应坚固、平滑,便于除垢、消毒;地面应坚实、平整、防潮,一般应高出兔舍外地面20～25厘米。

兔舍窗户的采光面积为地面面积的15%,阳光的入射角度不低于25°～30°。兔舍门要求结实、保温、防兽害,门的大小以方便饲料车和清粪车的出入为宜。

(3)兔舍容量 一般大、中型兔场,每栋兔舍以饲养成年兔1 000只为宜,同时根据具体情况分隔成小区,每区250～300只。兔舍规模应与生产责任制相适应。据生产实践经验,一般每个饲养间以100个笼位较为适宜。

(4)兔舍的排水要求 在兔舍内设置排水系统,对保持舍内清洁、干燥和应有的卫生状况,均有重要的意义。如果兔舍内没有排水设施或排水不良,将会产生大量的氨、硫化氢和其他有害气体,污染环境。排水系统主要由排水沟、沉淀池、地下排水道、关闭器和粪水池组成。

①排水沟 主要用于排除兔粪、尿液、污水。排水沟的位置设在墙脚内外,或设在每排兔笼的前后。各地可根据便于管理和利于保持兔舍内干燥、清洁原则酌情决定。排水沟必须不透水,表面光滑,便于清洁,有一定斜度便于尿液顺利流走。

②沉淀池 是一个四方小井,以作尿液和污水中固体物质沉淀之用,它既与排水沟相连,也与地下水道相接。为防止排水系统被残草、污料和粪便等堵塞,应在污水等流入沉淀池的入口处设置金属滤隔网,池口上加盖。

③地下排水道 是沉淀池通向粪水贮集池的管道。其通向粪

水池的一端,最好开口于池的下部,以防臭气回流,管道要呈直线,并有 3%～5% 的坡度。

④关闭器 用以防止分解出的不良气体由粪水池流入兔舍内。关闭器要求密封、耐用。

⑤粪水贮集池 用于贮集舍内流出的尿液和污水。应设在舍外 5 米远的地方,池底和周壁应坚固耐用,不透水。除池面上保留有 80 厘米×80 厘米的池口外,其他部分应密封,池口加盖。池的上部应高出地面 10 厘米以上,以防地面水流入池内。

8. 兔舍的照明、道路和粪沟如何设计?

(1)兔舍的照明 家兔是夜行性动物,不需要强烈的光照,同时光照时间也不宜过长。光照对家兔的生理功能有着重要的调节作用,适宜的光照有助于提高家兔的新陈代谢,增进食欲,促进钙、磷代谢;光照还具有杀菌,保持兔舍干燥,有助于预防疾病等作用。兔舍采光以自然光照为主,人工光照为辅。一般家兔适宜的光照强度约为 20 勒(Lx)。繁殖母兔需要的光照强度要大些,可用 20～30 勒(配种前催情 60 勒),而肥育兔只需要 8 勒。开放式和半开放式兔舍一般采用自然光照,要求兔舍门窗的采光面积应占地面面积的 15% 左右,阳光入射角不低于 25°～30°。集约化兔场多采用人工光照或人工补充光照,兔舍光照强度以每平方米 4 瓦为宜。

(2)兔舍道路设计 兔舍道路地面要求平整无缝、光滑,抗消毒剂腐蚀。"面对面"两列兔笼间地面呈中间高,两边略低状,宽度 1.5 米左右;"背靠背"式兔舍地面向粪沟一侧倾斜,宽度以保证工作车辆正常通过为宜。

(3)兔舍粪沟设计 目前,兔舍清粪方式有两种:一是人工式,二是机械式,即自动刮粪板装置。

①人工式粪沟位置 室外兔舍设在兔笼后壁外;室内兔舍:"面对面"的2列兔笼之间为工作走道,靠近南北墙各有1条粪沟;"背靠背"的2列兔笼之间为粪沟,靠近南、北墙各有1条工作走道。宽度:以清粪工具宽度为宜,如用铁锹,宽度约20厘米,并向排粪沟一侧倾斜。

②机械式粪沟位置 通常可用于"背靠背"双列式兔笼,位于2列兔笼之间。宽度:垂直式兔笼宽度综合考虑自动刮粪板装置经济性和兔舍跨度统筹确定。阶梯式兔笼粪沟宽度大于底部兔笼外沿左右各约15厘米,同时向排粪沟一侧倾斜。

各地可根据便于管理和利于保持兔舍内干燥、清洁原则酌情决定。排水沟必须耐腐蚀、不透水,表面光滑,便于清洁,有一定坡度便于尿液顺利流走。

9. 兔舍的窗户门和通风设施如何设计?

(1)兔舍门窗 在建造兔舍时,要注意门窗的设置。在寒冷地区,兔舍北侧、西侧应少设门窗,并选保温的轻质门窗,最好安装双层窗,门窗要密合,以防漏风;最好不要用钢窗,因为钢窗传热快,而且不耐腐蚀。在炎热地区,应南北设窗,并加大面积,便于通风和采光。

门的宽度以保证工作车辆正常通行为前提设置,一般宽为1.2~1.6米、高为2米,单开门、双开门均可。一栋兔舍通常设2个门。窗户大小以采光系数1:10计算,即窗户面积与兔舍地面面积之比约1:10。非寒冷地区,窗户面积越大越好。南方一些地区不设窗户,直接采用卷帘,控制光照和通风。

(2)兔舍通风 通风是控制兔舍内有害气体的关键措施。设计兔舍时,方向最好是坐北朝南。此外,通过加大门窗面积、配置风扇,或在兔舍屋顶安装无动力自然风帽等措施调整兔舍通风。

一般兔舍在夏季可打开门窗自然通风,也可在兔舍内安装吊扇进行通风,与此同时还能降低兔舍内的温度。冬季兔舍要靠通风装置加强换气,天气晴朗、室外温度较高时,也可打开门窗进行通风;密闭式兔舍完全靠通风装置换气,但应根据兔场所在地区的气候、季节、饲养密度等严格控制通风量和风速。通风量过大、过急或气流速度与温度之间不平衡等,同样可诱发兔的呼吸道病和腹泻等。如有条件,也可使用控氨仪来控制通风装置进行通风换气。这种控氨仪,有 1 个对氨气浓度变化特别敏感的探头,当氨气浓度超标时,会发出信号。如舍内氨的浓度超过 30 微升/升时,通风装置即自行开动。有的控氨仪与控温仪连接,使舍内氨气的浓度在不超过允许水平时,保持较适宜的温度范围。

通风方式分自然通风和动力通风两种。为保障自然通风畅通,兔舍不宜建得过宽,以不大于 8 米为好,空气入口处除气候炎热地区应低些外,一般要高些。在墙上对称设窗,排气孔的面积为舍内地面面积的 2%～3%,进气孔为 3%～5%,育肥商品兔舍每平方米饲养活重不超过 20～30 千克。动力通风多采用鼓风机进行正压或负压通风,负压通风指的是将舍内空气抽出,将鼓风机安装在兔舍两侧或前后墙,是目前较多用的方法,投入较少,舍内气流速度弱,又能排除有害气体。由于进入的冷空气需先经过舍内空间再与兔体接触,避免了直接刺激,但易发生疾病交叉感染;正压通风指的是将新鲜空气吹入,将舍内原有空气压向排气孔排出。先进的养兔国家装设鼓风加热器,即先预热空气,避免冷风刺激。无条件装设鼓风加热器的兔场,可选用负压力方式通风。

10. 室外养兔有什么优缺点?

采用室外兔舍养兔,优点是兔舍结构简单,造价低廉,通风良好,管理方便,夏季易于散热,有利于幼兔生长发育和防止疾病发生。缺点是舍饲密度较低,单笼造价较高,不易挡风雨,冬季繁殖仔兔有困难。建议:①注意防潮。笼底距地高度增加,笼顶部应伸出兔笼不少于 30 厘米,防雨遮阴。②建议种植遮盖植物或树木,以利夏季降温。③注意冬季保温。冬季在前沿可加塑料薄膜,堵死后窗,以防北风和西北风的侵袭。④注意防鼠害、兽害。⑤建议在寒冷季节仔幼兔转入室内兔舍,或者母兔停繁。

11. 大棚养兔可以吗?

大棚养兔是一种成本低的养殖方式,兔舍类似蔬菜大棚,冬季靠阳光增温,在气候干燥地区、非严寒地区可谨慎使用,且应用时注意以下几点:

(1)密度不宜过大　经常检查棚内气味,氨味稍微刺鼻时,必须通风,以防呼吸道病增加。加强寄生虫预防。

(2)做好夏季降温、冬季保温工作　大棚可建在林间,便于夏季降温;冬季应设草苫盖顶,每天早晨太阳升起照到棚顶后再卷起草苫,下午阳光仍照射棚顶时再放下草苫,以使多存热少放热,保棚内温度较高。

12. 水泥笼具好还是金属笼具好?

(1)水泥兔笼　顾名思义由水泥、沙石、钢筋等制成预制板,配套竹笼底板拼装而成。笼门多为金属网、木制或木框架配金属网。多年来广为使用,具有耐腐蚀、耐啃咬、坚固耐用的特点。缺点是防潮、隔热性能较差,通风不良,占地多,移动困难。是目前最适合长毛兔养殖的笼具。

(2)金属兔笼　一般由镀锌钢丝焊接而成。这类兔笼的优点是结构合理,安装、使用方便,特别适宜于集约化、机械化生产。缺点是造价较高,只适用于在室内或比较温暖地区使用,使用年限较短,容易腐锈,必须设有防雨、防风设施。同时笼内铺设竹制或塑料笼底板,以防兔脚皮炎的发生。建议肉兔和獭兔生产使用。

13. 兔笼的规格是多少?

关于獭兔笼具的规格,目前我国没有统一标准,现提供德国和法国两种笼具的尺寸规格,以及笔者推荐我国獭兔笼具的规格,供大家参考(表1至表3)。

表1　德国兔笼规格　(单位:厘米)

兔　别	体　重 (千克)	笼底面积 (米²)	宽×深×高 (厘米)
种　兔	<4.0	0.2	40×50×30
	<5.5	0.3	50×60×35
	>5.5	0.4	55×75×40
育肥兔	<2.7	0.12	30×30×30
长毛兔	一只	0.2	40×50×35

表2　法国克里莫育种公司肉兔笼规格

种兔类型	体　重 (千克)	笼底面积 (米²)	宽×深×高 (厘米)	备　注
种母兔	<5	0.35	38×92.5×40	其中产箱22.5×38
	>5	0.43	46×92.5×40	其中产箱22.5×40
种公兔	<5	0.43	46×92.5×40	

表3　中国獭兔笼单笼规格　（单位：厘米）

兔类型	笼　宽	笼　深	笼　高
大型（体重＞4.5千克）	80	55～60	40
中型（体重＞3.0千克）	70	50～55	35～40
小型（体重＜3.0千克）	60	50	30～35
育肥兔	25～30	45～50	30～35

目前,在实践中还出现一种母仔共用的兔笼,由一大一小两笼相连,中间留有一小门。平时门关闭,便于母兔休息;哺乳时,小门打开,母兔跳入仔兔一侧(图7)。

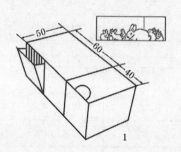

图7　母仔笼 （单位：厘米）
1. 示意图　2. 实物照片

一般公兔、母兔和后备种兔,每只所需面积为0.25～0.4米^2,育肥家兔为0.12～0.15米^2。

建议:长毛兔的兔笼规格大于肉兔和獭兔;种兔笼的兔笼规格大于繁育兔笼;商品生产用育肥兔笼规格可以更小一些,据此适当缩减。

14. 兔笼几层更好？

以 1～3 层，总高度控制在 2 米以下为宜。如果过高或层数过多，极易给饲养人员的操作带来困难，影响工作效率。兔笼笼底板与承粪板之间，底层兔笼与地面之间都应有适当的空间，便于清洁、管理和通风透光。通常，笼底板与承粪板之间的距离前面为 15～18 厘米，后面为 20～25 厘米，底层兔笼与地面的距离为 30～35 厘米，以利于通风、防潮，使底层家兔有较好的生活环境。室外式兔舍的底层兔笼距地高度可适当提高。

为了提高繁殖效果，种兔笼以 1～2 层为宜。

15. 兔笼在兔舍内如何摆放？

兔笼通常为东西走向排列。室内式兔舍，兔笼放置于兔舍中间，保证光线充足，空气流通。兔舍的跨度不宜大于 8 米，兔笼排列不宜多于 4 列，不宜超过 3 层。如兔舍东西侧安装了通风或湿帘装置，则兔笼与其距离不得小于 1.5 米。"面对面"两列兔笼间地面呈中间高、两边略低状，宽度 1.5 米左右；"背靠背"式兔舍地面向粪沟一侧倾斜，宽度以保证工作车辆正常通过为宜。粪沟不需过宽，以比一锹稍宽些，方便操作为宜。

16. 兔笼设计的要求和组件有哪些？

兔笼要求造价低廉，经久耐用，便于操作管理，并符合家兔的生理要求。设计内容包括兔笼的规格、结构及总体高度等。兔笼大小，应按家兔品种、类型和年龄的不同而定，一般以家兔能在笼内自由活动为原则。种兔笼比商品兔笼大些，室内兔笼比室外兔笼略小些。

兔笼主要由笼壁、笼底板、承粪板、笼门、草架、料槽、饮水器及其他附属设备构成。

17. 为什么说笼底板是兔笼最关键的部件？

笼底板是兔笼最重要的部分，若制作不好，极易影响家兔健康。如竹底板间距太大，表面有毛刺，极易造成家兔骨折和脚皮炎的发生；间距太小不利排粪，影响笼舍清洁。通常体型大、脚底毛欠丰厚的兔脚皮炎发病高，因此金属笼内应配备竹制或塑料制笼底板。

18. 对笼底板有什么要求？

笼底板一般采用竹片或镀锌钢丝制成，目前也有塑料制笼底板。钉制笼底板用的竹片要光滑，竹片宽 2.2～2.5 厘米，厚 0.7～0.8 厘米，竹片间距 1～1.2 厘米，竹片钉制方向应与笼门垂直，以防家兔脚形成向两侧的划水姿势。用镀锌钢丝制成的兔笼，其焊接网眼规格为 50 毫米×13 毫米或 75 毫米×13 毫米，钢丝直径为 1.8～2.4 毫米。金属兔笼底须铺垫竹制或塑料制笼底板，要便于家兔行走，安装成可拆卸的，便于定期取下刷洗、消毒。

19. 对承粪板有什么要求？

水泥兔笼多为水泥预制件，厚度为 2～2.5 厘米。在多层兔笼中，上层承粪板即为下层兔笼的笼顶，为避免上层兔笼兔的粪尿、污水溅污下层兔笼，承粪板应向笼体前面伸出 3～5 厘米，后面伸出 10～15 厘米。在设计、安装时还需有一定的倾斜度，呈前高后低斜坡状,角度为 15°以上,以便粪尿经板面自动落入粪沟,并利于清扫。

金属兔笼多在每层笼的顶部铺垫耐酸碱、防水、使用寿命长的材料,如玻璃钢等作为承粪板。饲养员操作一侧应伸出笼边,并稍稍上翘,以防兔尿溅出。

20. 对笼门有什么要求?

笼门宽度依据兔笼的大小而定,一般 30～40 厘米,高度与兔笼前高相等或稍低;可以是单开门,也可以是双开门。一般安装于多层兔笼的前面或悬挂式单层兔笼的上层,因地制宜可用竹片、镀锌钢丝制成。可以是推拉式的、也可以是转轴式的,要求启闭方便,内侧光滑,不易变形,仔幼兔不易钻出,能防御兽害。

饮水装置切忌安装在笼门上。配套外置食槽、草架时,尽量不要安装于活动笼门一侧。

21. 对笼网有什么要求?

金属兔笼一般由镀锌钢丝直接或喷塑后焊接而成。四周网孔一般为(20～30)毫米×(150～200)毫米,可依据兔的体型确定网间隙。笼底焊接网眼规格为 50 毫米×13 毫米或 75 毫米×13 毫米,钢丝直径为 1.8～2.4 毫米。笼底钢丝直径相对笼四周稍粗,网眼稍小。金属焊网要求焊点平整,牢固,以降低兔脚皮炎的发病率。这类兔笼的优点是结构合理,安装、使用方便,特别适宜于集约化、机械化生产。缺点是造价较高,只适用于在室内或比较温暖地区使用,室外使用时间较长容易腐锈,必须设有防雨、防风设施(图 8)。

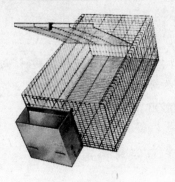

图8　金属兔笼

22. 什么样的料槽好?

料槽又称饲槽或食槽,种类较多,目前制作材料多为金属皮和PVC。简易料槽多为完全开放式,制作简单、成本低,适合盛放各种类型的饲料,但喂料时工作量大,饲料易被污染,极易造成家兔扒料浪费。悬挂式料槽容量较大,安置在兔笼前壁上,适合盛放颗粒料。从笼外添加饲料,喂料省时省力,饲料不易污染,浪费少,但料槽制作较复杂,成本也较高。如饲料添加过多,存放时间较长,接触液体后未能及时发现,极易发生变质。因此,使用悬挂式料槽时应经常观察槽内饲料情况(图9)。

图9　金属料槽

23. 什么样的饮水器好?

建议选用不易渗漏的乳头式自动饮水器。每栋兔舍装有贮水箱,注意冬季保暖。通过塑料或橡皮管连至每层兔笼,然后再由乳胶管通向每个笼位。这种饮水器的优点是既能防止污染,又可节约用水。缺点是对水质要求较高,容易堵塞和漏水(图10)。

另外,一般家庭笼养兔可自制贮水式饮水器,即将盛水玻璃瓶或塑料瓶倒置固定在笼壁上,瓶口上接一橡皮管通过笼前网伸入笼门,利用空气压力控制水从瓶内流出,任家兔自由饮用。淘汰开放式瓷碗或陶瓷水钵(图11)。

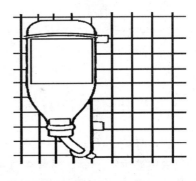

图 10　乳头式自动饮水器　　　图 11　瓶式自动饮水器

24. 饲喂颗粒饲料是否还需要草架?

规模兔场如使用全价颗粒饲料,且营养均衡,可以不配置草架。配套使用自动刮粪装置的兔舍,兔群不建议再添喂饲草,否则极易导致清粪设备出现故障,因而兔笼无须配置草架。为降低养殖成本,采用"颗粒饲料＋饲草"饲养方式时,必须配置草架,以保证饲草的利用率和兔笼的洁净。

草架多用木条、竹片或钢筋做成"V"形。群养兔用的草架可钉成长 100 厘米、高 50 厘米、上口宽 40 厘米；笼养兔的草架一般固定在笼门上，草架内侧间隙为 4 厘米，外侧为 2 厘米（图 12）。

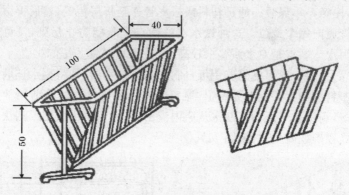

图 12　草　架　（单位：厘米）

25. 什么样的产仔箱好？

产仔箱又称巢箱，是母兔产仔、哺乳的场所，也是 3 周龄前仔兔的主要生活场所。通常在母兔产仔前放入笼内或悬挂在笼门外。多用木板、纤维板或硬质塑料制成。硬质塑料产仔箱成本相对较高。

产仔箱有两种式样，一为平放式，另一为悬挂式。以选用适合自己兔场、兔笼样式的产仔箱为佳。

（1）平放式　一种是敞开的平口产仔箱，多用 1～1.5 厘米厚的板材钉成 40 厘米×26 厘米×13 厘米的长方体木箱，箱底有粗糙锯纹，并留有间隙或开有小洞，使仔兔不易滑倒并有利于排除尿液，产仔箱上口周围需用铁皮或竹片包裹；另一种为月牙形缺口产仔箱，可竖立或横倒使用，产仔、哺乳时可横侧向，以增加箱内面积,平时则竖立以防仔兔爬出产仔箱。

(2)悬挂式 悬挂式产仔箱多采用保温性能好的发泡塑料或板材制作。悬挂于兔笼的前壁笼门上,在与兔笼接触的一侧留有一个大小适中的方形缺口,其底部刚好与笼底板齐平。产仔箱上方加盖一块活动盖板,易于保暖。这类产仔箱具有不占笼内面积,管理方便的特点。采用此种方式时,要求兔舍内增加道路宽度。

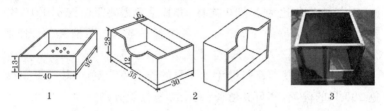

图 13　不同形式的产仔箱　(单位:厘米)
1. 平口产仔箱　2. 月牙形缺口产仔箱　3. 实物照片

26. 建场投资多少合适?

我国兔产品的销售正逐步转变为"稳定国际市场,开拓国内市场"的新经营模式。与其他畜种相比,兔产品的社会产量、价格波动幅度较大,极易导致市场生产不稳定,因此无论是拟投资养兔的个人或企业还是现有养兔企业(场、户)从事肉兔生产经营前,必须做好生产规划。一是确定饲养品种。二是选择饲养方式。三是合理规划兔场。四是确定生产规模。五是优化资金投入。六是经济效益分析。根据生产规划,做好建场直接投资准备,包括土地租赁费或购置费、引种费、兔舍及其配套设施设备费、饲料费、人员工资费及流动资金等。

对于初养兔场(户),建议养殖规模由小到大渐进发展。基础繁殖母兔数量,建议长毛兔不高于 100 只;肉兔、獭兔则不高于 200 只;按每只基础母兔规划占地 10 米² 计算,分别需土地 1 000

米^{2}和2 000 米^2；土地租赁费，按每667 米^{2}计算，年租金400元，承租10年推算，分别需要1.2万元和2.4万元。

养殖初期，建议分批引进种兔，采用引进和自繁方式，迅速建立生产群。首批引进长毛兔种兔50只（公母比1：4）；肉兔或獭兔100只（公母比1：4），种兔引种费用不低于1万元。

兔舍采用室内或室外均可。笼位按繁殖母兔与仔兔比为1：5；与种公兔比为1：10推算，养长毛兔需要笼位约610个；肉兔、獭兔需要笼位约1 220个。每个笼位按60元推算，分别为3.66万元和7.32万元。其他费用2万元。

由此估算，基础繁殖母兔100只的长毛兔养殖场、基础繁殖母兔200只的肉兔、獭兔养殖场，建场参考投资分别约为7.5万元和12.5万元。

三、品种的选择和种兔引进

1. 目前我国主要有哪些引入肉兔品种？主要特点如何？

目前，我国饲养的引入品种主要是新西兰、加利福尼亚、弗朗德（过去误称为比利时）、青紫蓝、大耳白，以及少量的丹麦白、公羊兔（垂耳兔）、德国花巨兔等。

以新西兰和加利福尼亚为代表的中型肉兔品种，具有早期生长速度快，屠宰率和饲料报酬高，繁殖力较强，适应性较广，适合笼养方式的特点。是过去、现在肉兔的代表品种，未来发展也具有一定潜力。是肉兔育种的重要材料，也是肉兔配套系培育的必选遗传资源。其缺点是由于长期在我国以粗放式养殖方式饲养，肉用体型特征弱化，是今后选育中应注意的问题。

弗朗德具有体型大、生长快、耐粗饲的特点，其被毛为野兔颜色，在制裘过程中无须染色，价值较普通白兔皮高。适合农村以半草半料为主的饲养方式。与中型肉兔品种杂交有较好效果。其缺点是体型大，脚毛稀疏，容易发生脚皮炎；毛色遗传不稳定，被毛色泽深浅不一；产仔数多寡不一，仔兔初生重差异较大等缺点。如果其缺点得以纠正，该品种是农村家庭中小型兔场的当家品种之一。

青紫蓝兔是一个古老的品种，在我国以中型为主，适应性和抗病力较强，生产性能中等。其具有肉皮兼用的特点，优良的皮张和特色鲜明的被毛（一毛五色），较其他肉兔的皮张价值高。该品种的缺点是被毛颜色有变浅的趋势，生产性能不突出。这是今后选育应注意的问题。

大耳白兔，又称为日本大耳白兔，是利用中国本地白兔和日本白兔杂交培育而成，早年引入我国，已经适应了我国农村家庭粗放式饲养方式。其最大优点是耳朵长大，血管清晰，是最理想的实验用兔。其适应性、抗病力和繁殖力在引入品种中较为突出。其缺点是产肉性能一般。

2. 目前我国主要有哪些地方兔品种资源？主要特点如何？

我国的家兔地方品种资源非常丰富，分布于全国多地区，已经成为局部地区主要饲养动物。

（1）福建黄兔　俗名闽黄兔，主要分布在福州地区的连江、福清、长乐、罗源、闽清、闽侯、古田、连城、漳平等县、市，属小型肉用型兔。全身披深黄色或米黄色粗短毛，紧贴体躯，具有光泽，下颌沿腹部至胯部呈白色毛带。头大小适中，清秀。双耳小而稍厚、钝圆，呈 V 形，稍向前倾。眼大圆睁有神，虹膜呈棕褐色或黑褐色。身体结构紧凑，小巧灵活，胸部宽深，背平直，腰部宽，腹部结实钝圆，后躯发达丰满。

体重：初生重 45.0～56.5 克，30 日龄断奶重 356.49～508.77 克，3 月龄 858.10～1 023.76 克，6 月龄 2 817.50～2 947.50 克；增重：断奶后至 70 日龄日增重 17～20 克，断奶后至 90 日龄日增重 15～17.5 克，4 月龄屠宰，全净膛重 825.5～1 215.0 克，半净膛重 940.0～1 225 克，全净膛屠宰率：40.5%～49.4%。性成熟期：公兔 5 月龄，母兔 4 月龄，适配年龄：公兔 6 月龄，母兔 5 月龄，窝产活仔数 6～8 只，仔兔成活率 89.5%～93.0%。

综合评价：耐粗饲、适应性广，能适应多种饲养方式；肉质营养价值高，福建民俗认为福建黄兔肉对胃病、风湿病、肝炎、糖尿病等有独特的疗效。其主要缺点是生长速度较慢。

（2）闽西南黑兔　原名福建黑兔，俗名黑毛福建兔，属小型皮肉兼用兔。主产分布在上杭、屏南、德化等地,福建省多数山区县、市有分布,主要分布于漳平、大田、古田等地。全身披深黑色粗短毛,紧贴体躯,具有光泽,乌黑发亮。体重:成年公兔平均 2.241 千克,成年母兔平均 2.192 千克;初生 40～52.5 克,30 日龄断奶 380.5～410.5 克,3 月龄 1 230.83～1 580.20 克,6 月龄 2 000～2 250 克。断奶后至 70 日龄日增重 15～18 克,断奶后至 90 日龄日增重 13.2～14.1 克。窝产活仔数 5～6 只。

综合评价:耐粗饲、适应性广、早熟,胴体品质好,屠宰率高,肉质营养价值高等优点。缺点是生长速度相对较慢。

(3)四川白兔　俗称菜兔,属小型皮肉兼用兔。体型小,被毛纯白色,头清秀,嘴较尖,无肉髯,两耳较短、厚度中等而直立,眼为红色,腰背平直、较窄,腹部紧凑有弹性,臀部欠丰满,四肢肌肉发达。成年体重 2 750(公)～2 760 克(母)。窝产仔数 7.2 只左右,屠宰率 49.92%。

主要特点:性成熟早、配血窝能力强、繁殖率高,适应性广,容易饲养,体型小,肉质鲜嫩等特点,是提高家兔繁殖率、开展抗病育种和培育观赏兔的优良育种材料。目前分布区域主要在偏僻的山区,存栏量逐渐减少。

(4)九嶷山兔　俗称宁远白兔,属小型肉用型兔,兼观赏与皮用。以纯白毛、纯灰毛居多,其他毛色(黑、黄、花)占 2%。

成年体重 2.68～2.99 千克,90 日龄屠宰率 49%～50%。胎产仔数 7～8 只,初生重 45～50 克,4 周龄断奶重 438 克左右。4 月龄体重 2 100 克左右,屠宰率 52%左右。

综合评价:适应性、抗病性强,体质健壮,耐粗放饲养,成活率高;繁殖性能好,性成熟早,年产胎数多,死胎畸形少,仔兔成活率高;肉品质量优。但与引进的国外肉兔品种相比,其生长速度和饲料报酬相对较低。

(5)云南花兔(云南黑兔、云南白兔)　属小型肉皮兼用兔。主要分布在丽江、文山、临沧、德宏、昆明、大理、玉溪、红河、曲靖。以白色为主,黑色为辅,少量杂色。

初生重平均 50 克,32 天断奶重平均 546.6 克,3 月龄重 1 667～1 693 克,周岁体重 2 710～2 810 克。3 月龄屠宰率 50.6%～51.1%(半净膛)。性成熟期:母兔 15 周龄,公兔 16～18 周龄。窝产仔数 6～10 只,断奶仔兔数平均 6.7 只(第四胎)。

综合评价:云南花兔适应性广,抗病力强,耐粗饲,繁殖性能强,仔兔的成活率高,屠宰率高,是难得的育种材料。云南花兔为肉皮兼用型品种,其肉特别好吃,可作为地方特色的兔肉产品进行开发。其皮张毛密度高、皮板厚、弹性好、保暖性强,尤其是夏、秋季的皮张质量好,保暖性优越。

(6)万载兔 属小型肉用型兔。分布于赣西边陲,锦江上游。

体型有两种类型,一种称为火兔,又称为月兔,体型偏小,毛色以黑色为主;另一种称为木兔,又名四季兔,体型较大,以麻色为主。兔毛粗而短,着生紧密,少数还有灰色、白色。

体重:公兔平均 2 146.27 克,母兔平均 2 033.71 克,屠宰率:公兔 44.67%,母兔 43.69%。性成熟期 3～7 月龄;每年可繁殖 5～6 胎。平均窝产仔数 8 只。

综合评价:遗传性能稳定,具有肉质好、适应性广、耐粗饲、繁殖率高、抗病能力强等优点。但万载火兔体型小,生长慢,饲料报酬低。今后要形成完善的良种选育和杂交相结合的繁育体系,本品种选育要在保持繁殖力高、适应性强的前提下,加大体型,提高生长速度。

(7)太行山兔 又名虎皮黄兔,属中型皮肉兼用型兔。原产于河北省太行山区东麓东段中山区井陉县及其周边地区。

分标准型和中型两种。标准型:全身被毛栗黄色,单根毛纤维根部为白色,中部黄色,尖部为红棕色,眼球棕褐色,眼圈白色,腹毛白色;头清秀,耳较短厚直立,体型紧凑,背腰宽平,四肢健壮,体质结实。成年体重公兔平均3.87千克,母兔3.54千克;中型:全身毛色深黄色,在黄色毛的基础上,背部、后躯、两耳上缘、鼻端及尾背部毛尖为黑色。这种黑色毛梢,在4月龄前不明显,随年龄增长而加深。后躯两侧和后背稍带黑毛尖,头粗壮,脑门宽圆,耳长直立,背腰宽长,后躯发达。成年体重公兔平均4.31千克,母兔平均4.37千克。

体重:30天断奶体重,标准型545.6克,中型641.18克;90日龄体重,标准型2 042克,中型2 204.4克。日增重26~27克。料重比3.45:1。屠宰率90日龄全净膛屠宰率48.5%。初生窝重460~500克,30天断奶窝重4 600~4 800克。窝产仔数8只左右,最高的达到16只。年产仔一般6~7胎。

综合评价:具有典型的地方品种特色:适应性强、抗病力强、耐粗饲粗放、繁殖力高、母性好。但是由于在粗放的饲养管理条件下培育,早期生长发育速度的性能没有得到挖掘。目前存栏量急剧减少,保种任务艰巨。

(8)大耳黄兔 属肉用型兔。原产于河北省中南部的邢台市广宗县、巨鹿一带。

被毛和体型两个方面可以分为两个类型。A系被毛橘黄色,耳朵和臀部有黑毛尖;B系全身被毛杏黄色,色淡而较一致,没有黑色毛尖。两系腹部均为乳白色。四肢内侧、眼圈、腹下渐浅。头大小适中,多为长方形,两耳长大直立,耳壳较薄,耳端钝圆,眼球黑色或深蓝色,背腰长而较宽平,肌肉发育良好,腹大有弹性,后躯发达,臀部丰满,四肢端正。

成年体重:4 975.8克(公),5 128.45克(母)。体重:30天断奶体重平均620.40克,3月龄体重2 956.25克。胴体重:全净膛胴体重平均1 430.54克,半净膛胴体重1 596.24克。屠宰率:半净膛屠宰率54%,全净膛屠宰率48.39%。

性成熟期:4.5月龄,窝产仔数平均8.5只,断奶仔兔数平均

7.6只。

综合评价：属于大型肉兔，具有生长速度快，繁殖力较强，适应性广，耐粗饲粗放、产肉性能较高等优点。其被毛为黄色，发展空间较大。该品种为大型肉兔弗朗德为基础培育而成，继承了其一些优点，同时带有其一些缺点。比如容易患脚皮炎，不耐频密繁殖等。目前存栏量急剧下降，应加强保种工作。

3. 目前我国主要有哪些地方肉兔品种？主要特点如何？

(1)豫丰黄兔　原产于河南省濮阳市清丰县，属中型肉用型兔。

豫丰黄兔全身被毛呈黄色，腹部呈漂白色，毛短平光亮，皮板薄厚适中，靠皮板有一层茂盛密实的短绒，不易脱落，毛细、密、短，毛绒品质优。头小清秀，椭圆形，齐嘴头，成年母兔颌下肉髯明显；两耳长大直立，个别兔有向一侧下垂，耳郭薄，耳端钝；眼大有神，眼球黑色；背腰平直而长，臀部丰满，四肢强健有力，腹部较平坦。体躯正视似圆筒，侧视似长方形。

初生重平均51.3克，30天断奶体重平均656克，3月龄体重平均2 533克，6月龄体重平均3 676克，周岁体重平均4 756克。3月龄兔宰前体重平均2 675.2克，半净膛重1 482.7克，半净膛屠宰率为55.64%；全净膛重平均1 355.1克，全净膛屠宰率为50.98%。

性成熟期：公兔75日龄，母兔90日龄；初配年龄：公兔180日龄，母兔180日龄；初生窝重为513克，泌乳力平均3 009.6克，30天断奶窝重平均5 806克。窝产仔数平均9.81只，断奶仔兔数平均9.52只。

综合评价：该品种生长速度快、繁殖力较强、适应性广、耐粗饲粗放、产肉性能较高。其被毛为黄色，发展空间较大。目前存栏量明显下降，生产指标有一定的降低，应加强保种和选育工作。

(2)哈尔滨大白兔　原产于哈尔滨中国农业科学院哈尔滨兽

医研究所,属大型皮肉兼用型兔。全身被毛纯白;头部大小适中,耳大直立略向两侧倾斜,眼大呈红色;背腰宽而平直,腹部紧凑有弹性,臀部宽圆,四肢强健,体躯结构匀称,肌肉丰满。初生窝重平均405.5克,21日龄窝重平均1 937.2克,断奶窝重平均5 297.0克。断奶个体重810～820克,3月龄体重2 460～2 580克,6月龄体重3 580～3 660克,周岁体重4 490～4 620克。70日龄屠宰胴体重:全净膛重平均1 068.6克,半净膛重平均1 151.5克,屠宰率53.5%。

性成熟期6～6.5月龄,适配年龄7～7.5月龄。窝产仔数平均7.4只,窝产活仔数平均7.0只,断奶仔兔数:平均6.5只。

综合评价:该兔具有早期生长快,繁殖性能好,适应性强,体型大等突出优点。2000年后由于核心群散失,缺乏系统选育,其生产性能有所下降。目前存栏量明显减少,保种和加强选育是当务之急。

(3)塞北兔 原产于河北省张家口北方学院(原张家口农业高等专科学校),属大型皮肉兼用型兔。塞北兔体型大,呈长方形,头大小适中,耳宽大,一耳直立,一耳下垂,兼有直立耳和垂耳型。下颌宽大,嘴方正,鼻梁上有一黑色山峰线。颈稍短,颈下有肉髯。四肢粗短而健壮,结构匀称,体质结实,肌肉丰满。为标准毛类型,毛纤维长3～3.5厘米,被毛颜色有属于刺鼠毛类型的野兔色(平常所说的黄褐色)和红黄色(平时所说的黄色)以及白化类型的纯白色,其中以黄褐色为主体。

成年塞北兔体长54.36厘米左右,胸围36.58厘米左右,体重5 810克左右。断奶(30天)到90日龄的日增重,一般为29克左右,低的24克,高的平均可达到36克。料重比高的4.5∶1,优秀群体可控制在3∶1左右。90日龄塞北兔的屠宰测定,半净膛屠宰率54.2%,全净膛屠宰率50.4%。胎均产仔数7.6只,胎均产活仔数7.2只,初生窝重平均523.4克,21天泌乳力平均5 016克。30天断奶仔兔数6.8只,断奶窝重平均4 773.5克,断奶个体重平均701.99克。母兔的母性较强,产前拉毛率达到94%。

综合评价：具有体型大，生长速度快，耐粗饲粗放，皮毛质量较好。具有天然带色被毛，因而作为目前和未来裘皮发展方向，具有较大的发展空间。根据调查，目前塞北兔的饲养量较 20 世纪 90 年代下滑严重。缺乏规范的系统选育，从生长发育到繁殖性能各个方面，均有一定的退化现象。保种和选育是当务之急。

4. 我国培育的肉兔配套系——康大配套系如何？

(1)配套系组成　康大肉兔配套系分别为康大 1 号肉兔配套系、康大 2 号肉兔配套系、康大 3 号肉兔配套系。

康大 1 号配套系由青岛康大兔业发展有限公司和山东农业大学培育的康大肉兔Ⅰ系、Ⅱ系和Ⅵ系 3 个专门化品系构成。

康大 2 号配套系由康大肉兔Ⅰ系、Ⅱ系和Ⅶ系 3 个专门化品系构成。

康大 3 号配套系由康大肉兔Ⅰ系、Ⅱ系、Ⅴ系和Ⅵ系 4 个专门化品系构成。

康大肉兔Ⅰ系以法国伊普吕(Hyplus)肉兔 GD 14 和 PS 19 作为主要育种材料，经合成杂交和定向选育而来。

康大肉兔Ⅱ系以法国伊普吕(Hyplus)肉兔 GD 24 和 PS 19 作为主要育种材料，经合成杂交和定向选育而来。

康大肉兔Ⅴ系以法国伊普吕(Hyplus)肉兔 GD 54、GD 64 和 PS 59 作为主要育种材料，经多代合成杂交和定向选育而来。

康大肉兔Ⅵ系以泰山肉兔为主要育种材料，连续多世代定向选育而来。

康大肉兔Ⅶ系以香槟兔作为主要育种材料，经多代定向选育而来。

(2)配套模式　见图 14。

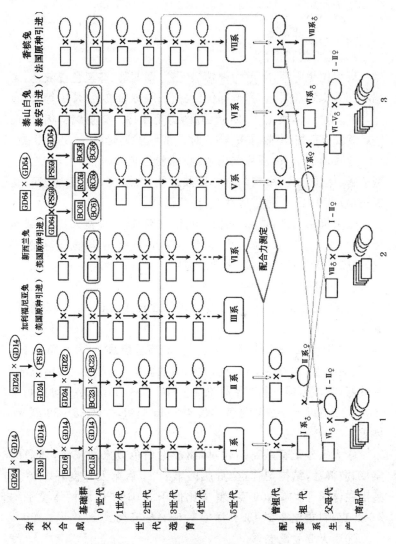

图14　康大肉兔配套系育种模式示意图

1. 康大1号肉兔配套系　2. 康大2号肉兔配套系　3. 康大3号肉兔配套系

（3）品系特征

①康大1号配套系

A. 曾祖代和祖代：

康大肉兔Ⅱ系：被毛为末端黑毛色，即两耳、鼻黑色或灰色，尾端和四肢末端浅灰色，其余部位纯白色；眼球粉红色；耳中等大，直立，头型清秀，体质结实，四肢健壮，脚毛丰厚。体躯结构匀称，前中后躯发育良好；有效乳头4～5对。性情温顺，母性好，泌乳力强。

康大肉兔Ⅰ系：被毛纯白色，眼球粉红色，耳中等大，直立，头型清秀，体质结实，结构匀称。四肢健壮，背腰长，中、后躯发育良好；有效乳头4～5对。母性好，性情温顺。

康大肉兔Ⅵ系：被毛为纯白色；眼球粉红色，耳宽大，直立或略微前倾，头大额宽，四肢粗壮，脚毛丰厚，体质结实，胸宽深，被腰平直，腿臀肌肉发达，体型呈典型的肉用体型。有效乳头4对。

B. 父母代：

Ⅵ系♂：特征同上。性成熟20～22周龄，26～28周龄配种繁殖。

Ⅰ/Ⅱ系♀：被毛体躯呈纯白色，末端呈黑灰色，耳中等大，直立，头型清秀，体质结实，结构匀称，有效乳头4～5对。性情温顺，母性好，泌乳力强。胎产活仔数10～10.5只，35日龄平均断奶个体重920克以上。成年母兔体长40～45厘米，胸围35～39厘米，体重4.5～5千克。

康大1号配套系商品代：体躯被毛白色或末端灰色，体质结实，四肢健壮，结构匀称，全身肌肉丰满，中后躯发育良好。10周龄出栏体重平均2 400克，料重比低于3.0；12周出栏体重平均2 900克，料重比3.2～3.4，屠宰率53%～55%。

②康大2号配套系

A. 曾祖代和祖代：

康大肉兔Ⅱ系、Ⅰ系（同上）。

康大肉兔Ⅶ系：被毛黑色，部分深灰色或棕色，被毛较短，平均2.32厘米，眼球黑色，耳中等大，直立，头型圆大，四肢粗壮，体质结实，胸宽深，被腰平直，腿臀肌肉发达，体型呈典型的肉用体型。有效乳头4对。

B. 父母代：

Ⅶ系♂：特征同上。性成熟20～22周龄，26～28周龄配种繁殖。

Ⅰ/Ⅱ系♀：被毛体躯呈纯白色，末端呈黑灰色，耳中等大，直立，头型清秀，体质结实，结构匀称，有效乳头4～5对。性情温顺，母性好，泌乳力强。胎产活仔数9.7～10.2只，35日龄平均断奶个体重950克以上。成年兔体长40～45厘米，胸围35～39厘米。公兔的成年体重4.5～5.3千克，母兔成年体重4.5～5.0千克。全净膛屠宰率为50％～52％。

C. 商品代：毛色为黑色，部分深灰色或棕色，被毛较短，眼球黑色，耳中等大，直立，头型圆大，四肢粗壮，体质结实，胸宽深，背腰平直，腿臀肌肉发达，体型呈典型的肉用体型。10周龄出栏体重2 300～2 500克，料重比2.8～3.1；12周出栏体重2 800～3 000克，料重比3.2～3.4。屠宰率53％～55％。

③康大3号配套系

A. 曾祖代和祖代：

康大肉兔Ⅱ系、Ⅰ系、Ⅵ系（同上）。

康大肉兔Ⅴ系：纯白色；眼球粉红色，耳大宽厚直立，平均耳长13.50厘米，平均耳宽7.80厘米，头大额宽，四肢粗壮，脚毛丰厚，体质结实，胸宽深，背腰平直，腿臀肌肉发达，体型呈典型的肉用体型。有效乳头4对。

B. 父母代：

Ⅵ/Ⅴ♂：纯白色，眼球粉红色，耳大宽厚直立，头大额宽，四肢粗壮，脚毛丰厚，体质结实，胸宽深，被腰平直，腿臀肌肉发达，体型呈典型的肉用体型。有效乳头 4 对。胎产活仔数 8.4～9.5 只,公兔的成年体重 5.3～5.9 千克。20～22 周龄达到性成熟,26～28 周龄可以配种繁殖。

Ⅰ/Ⅱ♀:被毛体躯呈纯白色,末端呈黑灰色,耳中等大,直立,头型清秀,体质结实,结构匀称,有效乳头 4～5 对。性情温顺,母性好,泌乳力强。胎产活仔数 9.8～10.3 只,35 日龄平均断奶个体重 930 克以上。成年兔体长 40～45 厘米,胸围 35～39 厘米。公兔成年体重 4.5～5.3 千克,母兔成年体重 4.5～5.0 千克。全净膛屠宰率为 50%～52%。

C. 商品代:被毛白色或末端黑毛色,体质结实,四肢健壮,结构匀称,全身肌肉丰满,中后躯发育良好。10 周龄出栏体重 2 400～2 600 克,料重比低于 3.0;12 周出栏体重 2 900～3 100 克,料重比 3.2～3.4,屠宰率 53%～55%。

(4)产肉性能 康大肉兔Ⅰ系的全净膛屠宰率为 48%～50%;康大肉兔Ⅱ系的全净膛屠宰率为 50%～52%;康大肉兔Ⅴ系的全净膛屠宰率为 53%～55%;康大肉兔Ⅵ系的全净膛屠宰率为 53%～55%;康大肉兔Ⅶ系的全净膛屠宰率为 53%～55%。

(5)繁殖性能 康大肉兔Ⅰ系 16～18 周龄达到性成熟,20～22 周龄可以配种繁殖;康大肉兔Ⅰ系胎产活仔数 9.2～9.6 只,28 日龄平均断奶个体重 650 克以上或 35 日龄平均断奶个体重 900 克以上;康大肉兔Ⅱ系 16～18 周龄达到性成熟,20～22 周龄可以配种繁殖;康大肉兔Ⅱ系胎产活仔数 9.3～9.8 只,28 日龄平均断奶个体重 650 克以上或 35 日龄平均断奶个体重 900 克以上;康大肉兔Ⅴ系 20～22 周龄达到性成熟,26～28 周龄可以配种繁殖;康大肉兔Ⅴ系胎产活仔数 8.5～9.0 只,28 日龄平均断奶个体重 700 克以上或 35 日龄平均断奶个体重 950 克以上;康大肉兔Ⅵ系 20～22 周龄达到性成熟,26～28 周龄可以配种繁殖;康大肉兔Ⅵ

系胎产活仔数 8.0～8.6 只,28 日龄平均断奶个体重 700 克以上或 35 日龄平均断奶个体重 950 克以上;康大肉兔Ⅶ系 20～22 周龄达到性成熟,26～28 周龄可以配种繁殖;康大肉兔Ⅶ系胎产活仔数 8.5～9.0 只,28 日龄平均断奶个体重 700 克以上或 35 日龄平均断奶个体重 950 克以上。

(6)综合评价　该配套系具有极其出色的繁殖性能:父母代胎产仔数 10.30～10.89 只,产活仔数 9.76～10.57 只,情期受胎率80%以上,断奶成活率 92%～95%,在采取适当降温措施下可以做到夏季不休繁,显著优于引进的国外配套系。

适应性、抗病抗逆性好:表现为对饲料变换产生的应激反应较小、对饲料品质要求较低,生产中发病少,成活率高;经中试证明,不仅适应山东和华北、华东地区饲养,而且在东北严寒、四川夏季湿热的情况下表现良好,优于国外引进配套系。

康大配套系的育成结束了我国肉兔配套系长期完全依赖进口的历史,填补了国内肉兔育种空白,对提升我国肉兔企业核心竞争力,增加肉兔养殖效益,具有十分重要的意义。

目前仅在该企业应用,今后应该逐步推广到全国适宜地区或企业。

5. 目前我国主要有哪些引进的肉兔配套系?

目前,我国引进的肉兔配套系主要有齐卡、伊普吕和伊拉配套系。

(1)齐卡配套系　由德国育种专家 Zimmerman 博士和L. Dempsher 教授培育出来的具有世界先进水平的专门化品系,由齐卡巨型白兔(G)、齐卡新西兰白兔(N)和齐卡白兔(Z)3 个肉兔专门化品系组成,1986 年四川省畜牧科学研究院引进一套原种曾祖代,是我国乃至亚洲引入的第一个肉兔配套系。

①外貌特征 齐卡巨型白兔全身被毛长、纯白,体型长大,头部粗壮,耳宽、长,眼红色;背腰平直,臀部宽圆,前、后躯发达;齐卡新西兰白兔全身被毛纯白;头部粗短,耳宽、短,眼红色;背腰宽而平直,腹部紧凑有弹性,臀部宽圆,后躯发达,肌肉丰满;齐卡白兔全身被毛纯白、密;头型、体躯清秀,耳宽、中等长,眼红色;背腰宽而平直,腹部紧凑有弹性,前、后躯结构紧凑,四肢强健。

②生产性能 产肉性能见表4,繁殖性能见表5。

表4 齐卡配套系70日龄产肉性能表 （单位:克,%）

品　种	全净膛重	半净膛	屠宰率	日增重	料肉比
G	1127.5	1241.7	50.79	35.6	3.2∶1
N	1031.4	1121.4	53.77	32.5	3.23∶1
Z	855.3	933.7	50.4	30.2	3.35∶1

表5 齐卡配套系繁殖性能表

品种	性成熟期（月龄）	适配年龄（月龄）	妊娠期（天）	初生窝重（克）	21日龄窝重（克）	断奶窝重（克）	窝产仔数（只）	窝产活仔数（只）	断奶仔兔数（只）	仔兔成活率（%）
G	7	9	31.7	461.8	2272.8	6435	7.4	7.2	6.6	91.7
N	6	7	30.9	413.7	1999.2	5226	7.4	7.2	6.7	93.1
Z	4.5	5.5	30.6	353.3	1566.0	4416	7.5	7.2	6.9	95.8

③综合评价 齐卡配套系具有生长发育快,繁殖性能好,成活率及饲料转化率高等优点,但因受我国国情(小规模饲养和散养户居多)及生产水平的限制,按标准配套模式生产商品兔的推广应用不广,但在国内肉兔的杂交育种和品种改良及商品肉兔生产中做出了重大贡献,已成为我国肉兔生产最大的省——四川及其周边

的重庆、云南和贵州主要的种兔来源。

（2）伊普吕配套系　由法国克里默兄弟育种公司培育的。该配套系是多品系配套模式，共有8个专门化品系。我国山东伟诺集团有限公司2005年5月由法国引进5个系（3个父系GGP 59、GGP 79、GGP 119，2个母系GGP 22、GGP 77）的曾祖代约1 000只。后来多企业引进，但引进的多为祖代兔。

配套模式：由于该配套系是多品系配套模式，配套工艺繁杂，在生产中应用难度较大。曾祖代引进后，经过几年的适应性选育和配合力测定，目前形成了两种三系配套模式（图15）。

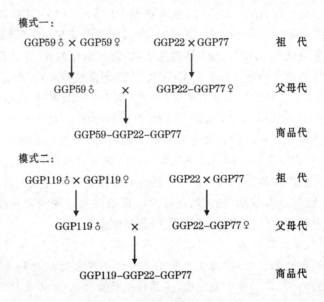

图15　伊普吕配套模式示意图

①外貌特征　GGP 59（伊普吕父系）被毛白色，眼睛红色，耳朵大且厚，体型长，臀部宽厚；GGP 119（伊普吕父系）被毛灰褐色，褐色眼睛，臀部宽厚；GGP 22（普吕母系）体躯被毛白色，耳、鼻端、

四肢及尾部为黑褐色,随年龄、季节及营养水平变化有时可为黑灰色,俗称"八点黑";GGP 77(伊普吕母系)白色皮毛,眼睛红色,属于中型兔。

②生产性能　GGP 59 具有理想的生长速度和体重,成年兔体重 7～8 千克,77 日龄体长 51 厘米、体重 3～3.1 千克;GGP 119 具有理想的生长速度和体重,成年兔体重 8 千克以上,77 日龄体长 46 厘米、体重为 2.9～3 千克;GGP 22 70 日龄体长 41 厘米、体重 2.25～2.35 千克。成年兔体重 5.5 千克以上;GGP 77 成年兔体重 4～5 千克。70 日龄体长 38 厘米、体重 2.45 千克。

产肉性能:GGP 59 77 日龄屠宰率为 59%～60%;GGP 119 77 日龄屠宰率为 59%～60%;GGP 77 70 日龄屠宰率 57%～58%。

繁殖性能:GGP 59 22 周龄性成熟,窝产活仔数 8～8.2 只,35 日龄断奶个体均重 1 200 克;GGP 119 22 周龄性成熟,窝产仔 8～8.2 只,35 日龄断奶个体均重 1 100 克;GGP 22 21 周龄性成熟,窝产仔数 10～10.5 只;GGP 77 17 周龄性成熟,窝产仔数 11～12 只。

③综合评价　伊普吕配套系引进国内后,经过十几年的风土驯化,已适应我国不同区域的气候、温度、饲草等条件,生产性能得到很大程度的提高。由于配套系的保持和提高需要完整的技术体系、足够的亲本数量和血缘、良好的培育条件和过硬的育种技术,生产中易发生代、系混杂现象,应引起足够重视。

(3)伊拉配套系　法国欧洲兔业公司在 20 世纪 70 年代末培育成的杂交配套系,它由 9 个原始品种经不同杂交组合和选育筛选出的 A、B、C、D 4 个系组成,各系独具特点。2000 年 5 月 25 日山东省安丘绿洲兔业有限公司首批引进,此后青岛康大集团再次引进。

①品种特征和生长发育　父系呈"八点黑"特征,母系毛纯白。商品代兔耳缘、鼻端浅灰色或纯白色,毛稍长,手感和回弹性好。父系头粗重,嘴钝圆,额宽;两耳中等长,宽厚,略向前倾或直立,耳

毛较丰厚,血管不清晰;颈部粗短,颈肩结合良好,颌下肉髯不明显;母系头型清秀,耳大直立,形似柳叶。颈部稍细长,有较小的肉髯。父系呈圆筒形,胸部宽深,背部宽平,胸肋肌肉丰满,后躯发达,臀部宽圆;母系躯体较长,骨架较大,肌肉不够丰满。脚底毛粗而浓密,可有效预防脚皮炎。

体重:父母代成年母兔体重平均为 4 266.7 克,父母代成年公兔体重平均为 4 396.7 克。

配套模式:由 A、B、C、D 4 个不同品系杂交组和而成,其模式见图 16。

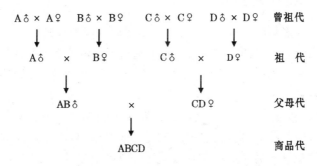

图 16   伊拉配套系模式示意图

②综合评价   伊拉配套系具有早期生长发育快、饲料报酬高、屠宰率高的性能特点。在良好的饲养管理条件下,年可繁殖 7～8 胎,胎均产仔 9 只以上,初生重可达 60 克以上,28 日龄断奶体重平均 700 克,70 日龄体重平均可达 2.52 千克,饲料报酬 2.7～2.9:1,半净膛屠宰率 58%～60%。适应规模化笼养,抗病力强。不耐粗饲,对饲养管理条件要求较高,在粗放的饲养条件下很难发挥其早期生长发育较快的优势。伊拉兔引进国内后,经过十几年的风土驯化,已完全适应我国不同区域的气候、温度、饲草等条件,生产性能得到很大程度的提高。由于配套系

的保持和提高需要完整的技术体系、足够的亲本数量和血缘、良好的培育条件和过硬的育种技术,生产中易发生代、系混杂现象,应引起足够重视。

使用肉兔配套系进行生产是现代集约化肉兔生产中最有优势的生产模式,但我国当前乃至今后相当长的时期仍将是规模化养殖与农户小规模甚至分散养殖并存的现状,而配套系在后一种生产模式下很难推广应用,因此在具体生产中应区别对待。

6. 目前我国主要有哪些毛兔品种?

经过多年的努力,我国长毛兔由靠国外引种逐渐转变本国培育的毛兔。其生产性能和适应能力远远超过国外优良品种。目前饲养的品种很多,尤其是地方品种有数十个,但基本上以苏系、浙系和皖系为主。

(1)苏系长毛兔 又名苏Ⅰ系粗毛型长毛兔。用含粗毛率高的法系安哥拉兔、新西兰白兔、SAB兔(肉兔)与产毛量高的德系安哥拉兔进行品种(系)间杂交,选出理想个体进行横交,继代选育,育成苏Ⅰ系粗毛型长毛兔。

①体型外貌特征 体型较大,头部圆形稍长;耳中等大小、直立,耳尖有一撮毛;眼睛红色;面部被毛较短,额毛、颊毛量少;背腰宽厚,腹部紧凑有弹性,臀部宽圆,四肢强健;全身被毛较密,毛色洁白。

②生长发育 3月龄体重平均2 155克,6月龄体重平均3 405克,8月龄体重平均4 145克;成年兔体长42～44厘米,成年兔胸围33～35厘米。成年公兔体重4 300克左右,成年母兔体重4 500克左右。

③产毛性能 成年兔粗毛率17.72%,年产毛量850～870克,产毛率25%。被毛长度:粗毛约8.25厘米,细毛约5.16厘

米;被毛细度:粗毛约 40.49 微米,细毛约 12.80 微米;被毛密度:14 000 根/厘米² 左右;细毛强力 2.81 克、伸长率 50.41%。

④繁殖性能 性成熟期 5～6 月龄,公兔适配年龄 5.5～6.5 月龄,母兔适配年龄 5～6 月龄;母兔发情周期 8～15 天,发情持续期 3～5 天,妊娠期为 29～32 天;年产仔 4～5 窝,平均窝产仔数 7.1 只,窝产活仔数 6.8 只;初生窝重 358 克,21 日龄窝重平均为 2 082 克,42 日龄断奶窝重平均为 6 134.4 克,断奶活仔数平均 5.7 只,断奶个体重平均 1 080 克。

⑤评价与利用 苏Ⅰ系粗毛型长毛兔具有产毛量中等,粗毛率高,适应性好,抗病力强,繁殖性能佳等特点。在本品种选育的同时,可利用其繁殖性能好的特点,在商品兔生产中用作母本。同时,不断提高产毛性能。

(2)浙系长毛兔 由浙江嵊州市畜产品有限公司、宁波市巨高兔业发展有限公司、平阳县全盛兔业有限公司从 20 世纪 80 年代中后期开始,利用新引进的世界著名的德系安哥拉兔(西德长毛兔)与本地长毛兔(导入过日本大耳白兔血缘的中系安哥拉兔)杂交,经长时间群选群育和新品系系统培育,曾以镇海巨高长毛兔(镇海系)、平阳粗高长毛兔(平阳系)和嵊州白中王长毛兔(嵊州系)为名,于 2010 年 3 月 15 日正式通过了国家畜禽遗传资源委员会的新品种审定,命名为浙系长毛兔。是我国杂交育成经国家审定的第一个长毛兔新品种。

①体型外貌 浙江长毛兔体型长大,肩宽、背长、胸深、臀部圆大,四肢强健,颈部肉髯明显;头部大小适中,呈鼠头或狮子头形,眼红色,耳型有半耳毛、全耳毛和一撮毛 3 个类型;全身被毛洁白、有光泽,绒毛厚、密,有明显的毛丛结构,颈后、腹部及脚毛浓密。

②成年兔体尺体重 浙系长毛兔成年兔公兔平均体长 54.2 厘米,胸围 36.5 厘米,体重 5 282 克;成年母兔平均体长 55.5 厘

米,胸围 37.2 厘米,体重 5 459 克。在 2010 年国家畜禽遗传资源委员会其他畜禽专业委员会组织的和现场测定的结果为:150 只 10 月龄兔平均体重公兔(51 只)为 3 789 克,母兔(99 只)3 892 克;成年公兔(30 只)平均体重 5 005 克,母兔(60 只)平均体重为 5 261 克。

③产毛性能　11 月龄估测年产毛量:公兔平均 1 957 克、母兔平均 2 178 克。其中嵊州系公兔平均 2 102 克、母兔平均 2 355 克;镇海系公兔平均 1 963 克、母兔平均 2 185 克;平阳系公兔平均 1 815 克、母兔平均 1 996 克;平均产毛率公兔 37.1%、母兔 39.9%。

2010 年秋季新品种预审现场测定,10 月龄兔 90 天养毛期年估测产毛量公兔平均为 1 864 克,母兔平均为 1 832 克。

兔毛品质:对 180～253 日龄 73 天养毛期的兔毛进行品质测定,结果:松毛率公兔 98.7%、母兔 99.2%;绒毛长度公兔 4.6 厘米、母兔 4.8 厘米;绒毛细度公兔 13.1 微米、母兔 13.9 微米;绒毛强度公兔 4.2 牛、母兔 4.3 牛;绒毛伸度公兔 42.2%、母兔 42.2%。

粗毛率:嵊州系公、母兔分别为 4.3% 和 5%,镇海系分别为 7.3% 和 8.1%,平阳系(采用手拔毛方式采毛)分别为 24.8% 和 26.3%。2010 年预审抽测嵊州系公、母兔分别为 3.2% 和 3.1%,镇海系分别为 6.4% 和 11.8%,平阳系分别为 24.6% 和 27.2%。

④繁殖性能　胎平均产仔数 6.8 只,3 周龄窝重平均 2 511 克,6 周龄体重平均 1 579 克。

综合评价:浙系长毛兔体型大、产毛量高、兔毛品质优良、适应性较强、遗传性能稳定,与国内外同类长毛兔(安哥拉兔)比较具有鲜明的特点和较强的市场竞争力。今后应重视保种工作,并根据市场需求进一步改善兔毛品质和产毛率等经济性状。

(3)皖系长毛兔　原名皖江长毛兔,属中型粗毛型毛用兔。是安徽省农业科学院畜牧兽医研究所协同有关单位,采用杂交育种的方法,通过德系安哥拉兔、新西兰白兔两品种间杂交以及20余年的系统选育培育而成的粗毛型长毛兔。该品种兔2010年7月2日通过了国家畜禽遗传资源委员会的审定,正式命名为皖系长毛兔,并于2010年12月5日由国家畜禽遗传资源委员会正式公告发布。品种审定号为:(农07)新品种证字第3号。是我国第二个国家级长毛兔新品种。

①品种特征　全身被毛洁白,浓密而不缠结,柔软,富有弹性和光泽,毛长7～12厘米,粗毛密布而突出于毛被;头圆,中等;眼球中等,眼珠红色,大而光亮;两耳直立;耳尖稍有毛或一小撮毛;体躯匀称,结构紧凑,体型中等;胸宽深,背腰宽而平直,臀部钝圆;腹有弹性,不松弛,乳头4～5对,以4对居多;骨骼粗壮结实;四肢强健,肢势端正,行动敏捷,足底毛发达。尾毛丰富。

②生长发育　5月龄体重公兔2 900～3 050克,母兔3 000～3 150克,成年体重:公兔4 150～4 250克,母兔4 250～4 400克。

③产毛性能　见表6,表7。

表6　皖系长毛兔产毛性能

指　标	公	母
8周龄产毛量(克)	80～110	90～130
年产毛量(以5～8月龄产毛量折算)(克)	1050～1200	1150～1300
成年兔91天剪毛量(克)	290～330	300～350
粗毛率(%)	15～20	
产毛率(%)	28～32	
料毛比	38:1	
松毛率(%)	94～98	

表7　皖系长毛兔成年兔毛纤维物理性能

指　标	粗毛	细毛
长度(厘米)	8～12	6～9
细度(微米)	40～50	10～18
强力(牛)	20～30	4～6
伸长率(%)	35～45	40～50

④繁殖性能　性成熟期(月龄)：在良好的饲养管理条件下,母兔5～6月龄、公兔6～7月龄可达到性成熟；适配年龄(月龄)：一般情况下,母兔满6～7月龄、体重在2.75千克以上,公兔满7～8月龄、体重在3千克以上可以配种繁殖；妊娠期：妊娠期多为30天,变化范围为28～31天。

⑤综合评价　该品种年产毛量、粗毛率较高,毛品质优,繁殖力强,遗传性稳定,种群较大,已成为我国生产家兔粗长毛产品的"当家"品种。其遗传资源具有较大的开发利用潜力,可以充分地利用于我国长毛兔品种的改良和品种结构的改善,提高兔毛单产和改善兔毛品质,有效提高我国长毛兔的综合生产性能和经济效益。

7. 目前我国主要有哪些引入皮兔？有何特点？

目前我国饲养的皮兔主要是力克斯兔,即獭兔。引入的皮兔主要是从美国、法国和德国引进的,通常称为美系、德系和法系獭兔。

(1)美系獭兔　我国多次从美国引进獭兔,但由于引进的年代和地区不同,美系獭兔的个体差异较大。其基本特征如下：头小嘴尖,眼大而圆,耳长中等直立,颈部稍长,肉髯明显；胸部较窄,腹腔发达,背腰略呈弓形,臀部发达,肌肉丰满;毛色类型较多,美国国家承认14种,我国引进的以白色为主。根据笔者对北京市朝阳区绿野芳洲牧业公司种兔场300多只美系獭兔的测定,成年体重3 605.03克,体长平均39.55厘米,胸围平均37.22厘米,头长平均10.43厘米,头宽平均11.45厘米,耳长平均10.43厘米,耳宽平均5.95厘米。繁殖力较强,年可繁殖4～6胎,胎均产仔数8.7只、断奶只数平均7.5只。初生重45～55克。母兔的泌乳力较强,母性好。小兔30天断奶个体重400～550克,5月龄时2.5千克以上,在良好的饲养条件下,4月龄可达到2.5千克以上。

美系獭兔的被毛品质好,毛纤维较细,一般16微米,粗毛率低(≤5%),毛较短(平均1.6厘米左右),被毛密度较大。据笔者测定,5月龄商品兔每平方厘米被毛密度在13 000根左右(背中部),最高可达到18 000根以上。与其他品系比较,美系獭兔的适应性好,抗病力强,繁殖力高,容易饲养。其缺点是群体参差不齐,平均体重较小,一些地方的美系獭兔退化较严重,应引起足够的重视。

(2)德系獭兔 1997年万山公司北京分公司从德国引进獭兔300只。该品系具有体型大、被毛丰厚、平整、弹性好、遗传性稳定和皮肉兼用的特点。外貌特征为体大粗重,头方嘴圆,尤其是公兔更加明显。耳厚而大,四肢粗壮有力,全身结构匀称。早期生长速度快,6月龄平均体重4.1千克,成年体重在4.5千克左右。胎均产仔数6.8只,初生重平均54.7克,平均妊娠期32天。

从总体看,该品系生产性能良好,尤其是体型较大,生长速度快,被毛浓密,毛纤维粗而长(毛纤维直径17～20微米,毛长2.0～2.2厘米),是毛领路兔皮的良好来源。特别是与美系獭兔杂交,对于提高生长速度、被毛品质和体型有很大的促进作用。但是,该品系的适应性不如美系獭兔,繁殖性能不高,胎产仔数较低,需要在育种工作中予以提高。

(3)法系獭兔 獭兔原产于法国。但是,今天的法系獭兔与原始培育出来的獭兔已是不可同日而语。1998 年 11 月，山东省荣成玉兔牧业公司通过法国克里莫兄弟育种公司引入法系獭兔。其主要特征特性如下：体型外貌：体型较大，体尺较长，胸宽深，背宽平，四肢粗壮；头圆颈粗，嘴巴平齐，无明显肉髯；耳朵短，耳壳厚，呈"V"形上举；眉须弯曲，被毛浓密平齐，分布较均匀，粗毛比例小，毛纤维长度 1.6～1.8 厘米。生长发育快，饲料报酬高。3 月龄接近 2.5 千克，成年体系在 4.5 千克左右，胎均产活仔数 8.5 只；断奶成活率 91.76%；仔兔 21 天窝重平均 2 850 克；35 日龄断奶个体重可达 800 克。母兔的母性良好，护仔能力强，泌乳量大。

总的来看，法系獭兔多方面性能介于美系和德系之间，综合性能具有较大优势。

8. 目前我国主要有哪些自己培育的皮兔？各有什么特点？

自从引入美系、德系和法系獭兔之后，我国的獭兔育种工作者利用国外优良獭兔基因，培育自己的皮兔，取得了显著效果，主要有四川白獭兔、吉戎兔、金星獭兔和冀系獭兔：

（1）四川白獭兔　由四川省草原研究所，以白色美系獭兔和德系獭兔杂交，采用群体继代选育法，应用现代遗传育种理论和技术，经过连续 5 个世代的选育培育而成的白色獭兔新品系。2002 年 6 月通过四川省畜禽品种审定委员会审定。

主要特点：全身被毛白色、丰厚，体格匀称，肌肉丰满，臀部发达。头型中等，双耳直立，脚毛厚实。成年体重 3.5～4.5 千克，被毛密度 23 000 根/厘米^2，细度 16.8 微米，毛丛长度为 16～18 毫米。窝产仔数平均 7.29 只，初生窝重平均 385.98 克，3 周龄窝重平均 2 061.40 克。22 周龄，半净膛屠宰率 58.86%，全净膛屠宰率 56.39%，净肉率 76.24%，肉骨比 3.21。

（2）**吉戎兔**　由原解放军军需大学于 1988 年利用日本大耳白母兔和加利福尼亚色型的美系公兔杂交,经过 5 个世代选育形成,于 2003 年 11 月通过国家畜禽品种审定委员会审定。

主要特点:体型中等,成年兔体重 3.5～3.7 千克,其中全白色型较大,"八点黑"色型的较小,体型结构匀称,耳较长而直立,脚底毛粗长而浓密。平均被毛密度 14 000 根/厘米^2,毛长 1.68～1.75 厘米,毛纤维细度 16.48～16.70 微米,粗毛率 4.45%～5.70%。窝产仔数 6.9～7.22 只,初生窝重 351.23～368 克,初生重 51.72～52.9 克,泌乳力 1 881.3～1 897 克。适应性强,较耐粗饲,在金属网饲养条件下,脚皮炎发病极少。

（3）**金星獭兔**　江苏省太仓市獭兔公司于 1996 年开始在系统选育基础上进行杂交,并对杂交后代进行严格选择和淘汰,组成核心群进行精心培育,经过近 8 年的努力,于 2003 年年底育成的獭兔新品系,定名为金星獭兔。

主要特点:体型大,毛皮品质好,耐粗饲,抗病力强。体型外貌分为 3 种类型:即皱襞型(A)、中耳型(B)和小耳型(C)。

①皱襞型(A)　头型中等、耳厚竖立、体型偏大、成年体重 4.5 千克左右;四肢后躯发达,自颈部至胸部形成明显的皱襞,皮肤宽松,形似美利奴羊,皮张面积比同体型的其他类型獭兔大 15%～25%。该类型兔是重点选育和推广的对象。

②中耳型(B)　头大小中等、略圆,耳中等大、厚而竖立,身体匀称,四肢和后躯发达,生长发育接近于 A 型,成年体重 4.0～4.5 千克。

③小耳型(C)　头大小适中、稍圆,耳偏小、厚而竖立;四肢身体发育匀称。生长发育接近于 B 型,成年体重 4.0 千克左右。

被毛密度平均:肩部 17 010 根/厘米^2,背部 22 170 根/厘米^2,臀部 37 122.50 根/厘米^2;粗毛比例平均(%):肩部 5.665%,背部 5.675%,臀部 3.775%;被毛长度平均:肩部绒毛 1.83 厘米,粗毛

1.79厘米,背部绒毛1.93厘米,粗毛1.88厘米,臀部绒毛2.06厘米,粗毛2.01厘米。

繁殖性能:窝均产仔8.02只,初生窝重平均447.2克,21日龄窝重平均2 660.3克,35日龄断奶个体重平均586克,断奶成活率90%。

生长发育:3月龄个体重2.0千克,4月龄达到2.5千克以上,5月龄2.75千克以上。

(4)冀系獭兔 是由河北农业大学从1997年开始,利用美系和法系进行系间杂交,然后以德系为父本,进行三元系间杂交,从中选出理想个体,再进行闭锁繁育,以传统育种手段结合现代分子育种方法,经过5个世代的系统选育,于2010年通过河北省畜禽品种审定委员会审定。

主要特点:分为3个类型。A型獭兔体型较大,嘴钝圆,两耳直立,眼球红色,公、母均有肉髯,后躯丰满,足底毛丰厚,成年体重4.2千克以上,被毛密度19 000根以上/厘米^2,毛长2.3厘米左右;B型獭兔体型中等,头稍清秀,两耳直立,眼球红色,公、母均有肉髯,后躯丰满,足底毛丰厚,成年体重3.9千克以上,被毛毛密度18 000根以上/厘米^2,毛长2.1厘米左右;C型獭兔体型中等,头钝圆,两耳直立,眼球红色,公、母均有肉髯,后躯丰满,足底毛丰厚,成年体重4千克以上,被毛毛密度18 000根以上/厘米^2,毛长2.2厘米左右。

三个类型的被毛细度分别为16.99微米、14.95微米和16.55微米,胎产仔数分别为8.13只、8.15只和8.09只。初生窝重分别为471.85克、454.26克和458.70克,3周龄窝重分别为3 267克、3 150克和3 167克,4周龄体重分别为585.69克、555.09克和557.98克。13周龄体重分别为2 518克、2 379克和2 429克。因此,该獭兔具有生长发育速度快,被毛密度大,毛纤维较长,以皮为主,皮肉兼用的优良品种。

9. 什么是宠物兔？我国是否有专门的宠物兔？

一般来说，能给人们带来愉悦心情的家兔统称宠物兔。这些家兔，其主要特点在于外表，要么形状奇特，要么毛色特殊，要么毛长特别，要么体重非同一般，等等。同时，宠物兔还应该具备容易调教，与饲养者能简单沟通的"聪明"特点。世界上最著名的宠物兔为垂耳兔，分为多个品系，其最大特点是两耳长大下垂，如英系垂耳兔，两耳长度总和超过体长，法系垂耳兔体重达 6 千克以上，荷兰垂耳兔模样逗人开怀，微型垂耳兔体型小，堪称微型玩具。

发达国家宠物兔的培育和饲养起步早，培育了多个品种。近年来，我国大中城市也兴起了宠物兔热，并兴建了一些专门饲养宠物兔的兔场，买卖兴隆。但是，目前我国尚未培育出自己的宠物兔，也没有正式引进宠物兔。目前饲养的宠物兔多从其他途径进入。存在的主要问题是没有标准的品种，杂交乱配现象严重，不成体系。

10. 目前主要的实验兔有哪些品种？

家兔是一种非常适宜的实验用兔，具有耳朵长大，血管明显；体型较小，繁殖力较强；品种或品系齐全，遗传性稳定，对药物或其他实验条件反应敏感等特点。随着我国生命科学的发展，实验用途用量越来越大。

笼统地讲，所有的家兔均可用作动物试验。但是，实验目的不同，对实验兔的要求也不一样。比较典型的实验用兔目前在我国主要有大耳白兔和新西兰兔，此外青紫蓝兔也可用作实验兔。

11. 中小型兔场怎样确定饲养的品种?

我们饲养家兔的目的是为了获取较大的效益,而要获得效益应该具备几个条件:一是产生较多的产品;二是这些产品能以及时销售出去,并且卖一个较好的价钱。就第一个条件而言,目前我国饲养的绝大多数品种都基本具备,而第二个条件差异较大。因此,市场是决定一个兔场选择家兔品种的决定因素。

对于新建兔场来说,一定要对当地市场进行考察,根据当地市场选择适销对路的家兔品种。比如说,对于河北省的绝大多数地区,以选择獭兔为主,因为全国獭兔皮的 70% 左右是在河北交易,河北省兔皮交易市场庞大,固定店铺众多,从事兔皮交易的皮商皮贩达数万人之多,大大小小的兔皮加工企业数千个,形成了完整的产业链条;而在四川和重庆等地,应以饲养肉兔为主。目前全国兔肉产量的一半以上被这两个省(市)消费;而在福建省,应以饲养本地品种为主,当地对肉兔品种的选择非常严格,偏爱当地的小型地方品种;而在浙江省的多数地区,应以毛兔为主、獭兔为辅,因为该省毛兔产业链条比较配套。

具体某个兔场而言,最终饲养什么品种,还要根据饲养者本人的优势、喜好来定。

12. 从何处购买种兔?

全国各地兔场遍布,媒体广告铺天盖地,哪一家兔质量好?新建兔场应该在哪里购买种兔?是一些新上兔场必须考虑的问题,也是难以轻松做出决定的问题。

任何一个欲引种的兔场投资人,不可能把所有的种兔场转一遍,即使能转一遍,也未必分辨出哪一家兔场最好。因为非专业人员难以区分不同兔场的微小差别，而不同兔场特点和优势不同。如何权衡不同种兔场的利弊是外行难以做到的。因此，对于新建兔场而言，确定引种是一件不容易的事情，必须借助外力做出引种的决定。

（1）请教专家　绝大多数养兔专家对全国兔场的基本情况有比较清楚的了解，而且比较客观公正。他们会给出你一些参考意见。

（2）咨询当地主管部门　畜牧部门对与当地兔场的情况比较清楚，他们会给你提供可供选择的兔场基本情况。

（3）咨询同行　与本地养兔场联系，或通过直接或间接关系与周边地区兔场联系，征求他们的意见。

（4）网上咨询　在全国影响力较大的养兔专业网站发帖，向全国网友求助。很多热情的网友会给出你很有价值的参考意见。

（5）咨询行业协会　地方性或全国性养兔协会汇聚本行业的企业家和专家，他们对本行业的情况非常了解，会给出你一些建议。

总之，通过以上途径的咨询，确定重点目标，然后进行重点考察。通过种兔质量、价格、服务和距离的综合权衡，做出最终选择。基本原则：优先从有种兔生产许可证的兔场引种；条件相近的情况下就近引种；绝不从信誉不好的兔场引种，不从患有几种传染性疾病（如皮肤真菌病、传染性鼻炎和疥癣病）的兔场引种。

13. 什么季节引种好？

就我国气候特点而言，最佳的引种季节为春季，其次为秋季。但是，不同地区气候特点不同，可以灵活掌握。

引种时可以考虑两地的相隔距离，如果距离较近，几个小时以内的路程，可以不考虑季节，仅仅考虑时间。寒冷地区在温暖的上午和中午引种,较炎热的地区在凉爽的夜间引种即可。

14. 多大的兔适合引种?

引种时最佳年龄或体重应该在育成期,也就是说3月龄以后,初配之前。这是因为这一阶段的兔抗病力和适应性较强,还有一定的可塑性,可以耐受长途运输的应激。引种之后经过一段的适应期,便可以考虑配种,以减少无谓的饲养周期和无谓的引种消耗。

相反,如果在3月龄以前引种,兔年龄和体重尚小,适应性和抗病能力较差,难以承受长途运输的重大应激;而成年家兔,已经进入繁殖期,在妊娠和泌乳期都不适合运输。再说,任何兔场不可能将正在繁殖期的种兔对外出售,除非质量不好计划淘汰的兔或兔场转产的情况。

15. 初生仔兔是否可以引种?

一般而言,我们常规引种选择在3月龄以后,初配之前。但是,这样的兔体重较大,引种成本和运输成本较高。是否可以在仔兔出生时引种呢?法国克里莫育种公司进行了大胆尝试,取得了成功。

两个兔场商定引种、供种事宜之后,进行统一部署,同时进行人工授精,以达到同期产仔。产仔当日,将刚刚出生的仔兔以窝为单位,分别放入特制的保温产仔箱里,在24小时以内运达引种的兔场。引种兔场同期分娩的母兔数量要适当多于供种兔场,将这些母兔产下的仔兔淘汰(可出售给生物制药厂),去喂养引进的仔兔。哺乳方法按照常规的寄养方式即可。

注意的问题：

①必须同期配种，同期产仔；

②两地的距离在 24 小时以内可以到达；

③运输箱保温效果良好；

④寄养时防止保姆兔虐待仔兔；

⑤保姆兔最好是 3 胎以上、母性好的母兔；

⑥根据母兔泌乳能力确定寄养仔兔数量，每只母兔寄养仔兔在 8 只以内；

⑦做好标记和记录：仔兔的血统、寄养的母兔，各阶段的生长发育情况等；

⑧注意寄养初期的表现。发现不配合的母兔，及时更换。

16. 怎样选择种兔？

种兔的挑选是一个细致的工作。到一个兔场选择种兔，不仅仅要看种兔的外在表现，还必须了解种兔的血统情况，各亲代的生产性能和特点。在此基础上，对种兔进行优劣的判断。挑选时应该注意以下问题：

（1）符合本品种特征　任何一个品种都有一定特定的外貌特征和生长发育资料。所选择的种兔必须具有该品种典型的特征特性。因此，对于选种者来说，在选种之前，必须对该品种有一个细致的了解。

（2）同龄、同条件对比，体重是最大的　一般选择 3～5 月龄的生长兔。注意在挑选的一群备选者中，一定要注意出生日期相同或相近，胎产仔数接近。这样，在相同条件下，生长发育最快的，也是最好的。

（3）健康无病　重点观察两耳和四肢端部有无疥螨、鼻孔是否有鼻液、眼部是否有分泌物、鼻端和眼圈是否有真菌病的早期结

85

痂;肛门是否干净。如果肛门周边有被粪便污染的痕迹,说明曾经发生过腹泻,表明该兔对于肠炎的抵抗力较差;阴门或阴孔是否有分泌物或炎症;公兔的睾丸是否大小一致,母兔的乳房数量是否达到 8 枚或以上;全身皮下是否有脓肿,行走姿态是否正常,足底板的被毛是否浓密等。防止出现"O"形腿、八字形腿、单睾或隐睾。要杜绝四大特殊病:真菌性皮肤病、传染性鼻炎、疥癣和脚皮炎。所选的兔子两眼圆睁,活泼好动,被毛光滑,动作灵活。白色家兔的眼球呈现红色。如果颜色浅或灰暗,则为不健康的标志。

血统优秀、符合品种特征、发育良好和健康无病的,就是我们所要选种的对象。

17. 獭兔引种主要看什么?

獭兔贵在皮毛,选择獭兔重点在于被毛。在保证健康无病和符合品种特征的基础上,注意以下几点:

(1)被毛密度　越密越好。可以通过手摸、口吹、尺子(游标卡尺)测量的方法判断。

(2)被毛长度　根据市场需要,选择适销对路的被毛长度。一般编织路的兔皮要求被毛长度在 1.6 厘米;服装路的兔皮要求被毛长度在 1.8 厘米,毛领路的兔皮被毛长度在 2.0 厘米以上。

(3)被毛细度　理想的被毛细度在 16 微米左右。

(4)粗毛率　应控制在 5% 以内,尤其是注意后躯。

(5)被毛均匀度　全身被毛长度一致,没有明显的凹凸不平现象。

(6)被毛光泽度　被毛光滑是健康的标志,也是毛皮动物优质皮毛所必须。

(7)被毛附着度　被毛在皮肤上比较结实,不容易脱落。

(8)体重大小　相同日龄,体重越大发育越好。体重越大,兔皮的表面积越大。

18. 肉兔引种主要看什么？

肉兔以肉为主,兼顾其皮。因此,肉兔贵在生长速度和饲料利用效率。在保证健康无病和符合品种特征的基础上,肉兔引种应该注意以下几点:

(1)生长速度　相同日龄的备选肉兔种兔,生长速度越快,体重越大,发育越好,饲料利用效率越高。早期增重对于肉兔最为关键。

(2)体型结构　肉兔的重要性能指标是屠宰率,而屠宰率与体型直接相关。肉用性能好的家兔具有砖型特征。胸宽深,臀部发达,肌肉丰满,体型紧凑。反之,皮松毛长,骨骼粗大,尖头尖臀,其产肉性能必然不高。

(3)均匀一致性　同批生产的肉兔,体重应该非常接近。其相似性越大,说明群体的整齐度越高,遗传基础越扎实,是肉兔规模化养殖所必须。反之,同批生产的小兔,大小相差悬殊,这样的兔群遗传基础不牢,变异性较大,是肉兔生产的大忌。

(4)品种与饲养条件的匹配　如果为饲养条件较差的家庭农村兔场,计划以青粗饲料为主,精饲料为辅,应选择耐粗饲的品种,如弗朗德、大耳白兔及一些地方品种;如果饲养条件较好,以全价饲料饲喂,应选择生长速度较快的引入品种,如新西兰、加利福尼亚兔等;如果皮肉兼顾,以选择青紫蓝兔为宜。如果与大型龙头企业合作,专门为他们提供商品肉兔,以选择肉兔配套系为佳。

19. 毛兔引种主要看什么？

毛兔,贵在产毛性能,主要是产毛量和毛的质量。影响产毛量的因素很多,主要是:产毛面积(体重)、被毛密度、被毛生长速度;

而毛的质量主要是粗毛率或被毛细度、洁净度和缠结率等。因此，在选择毛兔时，应注意以下几点：

（1）体重 相同日龄的毛兔，体重越大越好。因为体重大，皮张面积就大，也就是产毛面积大。

（2）被毛密度 被毛密度就是单位皮表面积的被毛根数。被毛越密，产毛量越高。要通过手摸、眼观和尺子(游标卡尺)量的办法，判断毛兔的被毛密度。

（3）被毛生长速度 相同面积、相同被毛密度，被毛生长速度越快，产毛量越高。因此，同批生产的毛兔，同时剪毛的条件下，凡是被毛长的个体，产毛量必然高。

（4）粗毛率 根据本地市场需要，选择适销对路的被毛类型。被毛类型分为以绒毛为主的绒毛型毛兔和以粗毛为主的粗毛型毛兔。不能说哪一种好或坏，关键看市场需求。

（5）缠结率 容易缠结的被毛，管理比较困难，影响被毛质量和产毛量。一般来说，被毛密度越低，越容易缠结。

（6）污毛率 优质兔毛的外在表现为"长、白、松、净"。污毛影响被毛品质和出成率。表面上被毛光华、色泽纯白的兔最为理想。而被毛颜色发污黄，其净毛率较低，也影响被毛质量和市场价格。

四、营养需要与饲料生产

1. 家兔需要哪些营养?

家兔所需要的营养物质可以分为如下几类:水、能量、蛋白质(氨基酸或寡肽)、碳水化合物、脂肪、矿物质和维生素等。家兔的营养需要是指家兔在维持生命活动及生产(生长、繁殖、肥育、产奶、产皮毛)过程中,对各种营养物质的需要量。一般用每日每只家兔需要这些营养物质的绝对量,或每千克日粮(自然状态或风干物质或干物质)中这些营养物质的相对量来表示。家兔对营养物质的需要受家兔品种、类型、性别、年龄、生理状态及生产性能等因素的影响,一般家兔的营养需要分为维持需要和生产需要(繁殖、泌乳、生长、肥育、产毛)。维持需要是指家兔不进行任何生产所需要的最低营养水平。只有在满足家兔的最低需要后,多余的营养物质才用于生产。从生理上讲,维持需要是必要的,从生产上讲,这种需要是一种无偿损失。

要养好兔,首先必须了解家兔需要哪些营养物质,需要多少,缺少某种营养物质,家兔会有什么表现。了解和掌握家兔的营养需要,是制定和执行家兔饲养标准,合理配合日粮的依据。所以,了解家兔的营养需要,对提高养兔的生产水平及养兔的经济效益十分重要。

(1)水分的需要　家兔体内的水约占其体重的 70%。水参与兔体的营养物质的消化吸收、运输和代谢产物的排出,对体温调节也具有重要的作用。

家兔对水的需要量,一般为摄入干物质总量的 1.5~2 倍。各类兔对水的需要量如表 8 所示。

表 8　各类兔每天适宜的饮水量

不同时期的兔	需水量(升)
空怀或妊娠初期的母兔	0.25
成年公兔	0.28
妊娠后期母兔	0.57
哺乳母兔	0.60
母兔和哺育 7 只仔兔(6 周龄)	2.30

(2)能量的需要　家兔机体的生命与生产活动,需要机体每个系统相互配合与正常、协调地执行各自的功能,在这些功能活动中要消耗能量。

生长兔为了保证日增重达到 40 克水平,日喂量在 130 克左右饲料情况下,每千克日粮所含的热能为 12 558 千焦。为了保证生长兔最大生长速度,每千克日粮最低能量也应保持在 10 467 千焦以上。妊娠母兔的能量需要随着胎儿的发育而增加。泌乳母兔每千克日粮应含 10 467~12 142 千焦的消化能,才能保持正常泌乳。

(3)蛋白质的需要　蛋白质是生命的基础。是构成细胞原生质及各种酶、激素与抗体的基本成分,也是构成兔体肌肉、内脏器官及皮毛的主要成分。如果饲料中蛋白质不足,家兔生长缓慢,换毛期延长,公兔精液品质下降,母兔性功能紊乱,表现难受胎、死胎、泌乳下降;仔兔瘦弱、死亡率高等。相反,日粮蛋白质水平过高,不仅造成浪费,还会产生不良影响,甚至引起中毒。家兔对粗蛋白质的需要量:维持需要 12%,生长需要 16%,空怀母兔 14%,妊娠母兔 15%,哺乳母兔 17%。

（4）**脂肪的需要**　脂肪是能量来源与沉积体脂肪的营养物质之一，一般认为家兔日粮需要含有 3%～5% 的粗脂肪。脂肪是由甘油和脂肪酸组成的。脂肪酸中的亚麻油酸、次亚麻油酸、花生油酸在家兔体内不能合成，必须由饲料供给，所以这 3 种脂肪酸称为必需脂肪酸。若家兔的日粮中缺乏这 3 种脂肪酸，就会影响家兔的生长，甚至造成死亡。饲料中的脂溶性维生素 A、维生素 D、维生素 E、维生素 K，被家兔采食后，不溶于水，必须溶解在脂肪中，才能在体内输送，被家兔消化吸收和利用。如家兔的日粮中缺乏脂肪，维生素 A、维生素 D、维生素 E、维生素 K 不能被家兔吸收利用，将出现维生素缺乏症。

（5）**矿物质的需要**　矿物质是饲料中的无机物质，在饲料燃烧时成灰，所以也叫粗灰分，其中包括钙、磷及其他多种元素。

①**钙和磷**　钙和磷是构成骨骼的主要成分。各类家兔日粮中钙的需要量：生长兔、肥育兔为 1.0%～1.2%，成年兔、空怀兔为 1.0%，妊娠后期和哺乳母兔 1.0%～1.2%。磷对兔的骨骼和身体细胞的形成，对碳水化合物、脂肪和钙的利用等都是必需的。各类兔对磷的需要量：生长兔、育肥兔为 0.4%～0.8%，妊娠后期和哺乳母兔为 0.4%～0.8%，成年兔、空怀兔为 0.4%。钙磷比例以维持 2∶1 为好，并且应保证维生素 D 的供给。

②**氯和钠**　如果兔的日粮里补盐不足，会食欲下降，增重减慢，易出现乱啃现象。一般植物饲料里含钠和氯很少，必须通过食盐来补充。兔对食盐需要量，一般认为应占日粮的 0.5% 为宜。对哺乳母兔和肥育母兔可稍高一些，应占日粮的 0.65%～1%。

③**钾**　钾在维持细胞渗透压和神经兴奋的传递过程中起着重要作用。日粮中钾与钠的比例为 2～3∶1 对机体最为有利。常用的兔饲料含钾元素高，日粮中不需要补钾，一般也不会发生缺钾现象。

④**铁、铜和钴**　这 3 种元素在体内有协同作用缺一不可。每千克日粮应含铁 100 毫克左右才能满足兔的生理要求。铜有催化

血红蛋白形成的作用,缺铜同样贫血。每千克日粮中应含有 5～20 毫克为宜。钴是维生素 B_{12} 的成分,而维生素 B_{12} 是抗贫血的维生素,缺少钴就妨碍维生素 B_{12} 的合成,最终也会导致贫血。仔兔每天需要钴不低于 0.1 毫克,成年兔日粮中,每千克饲料应添加 0.1～1.0 毫克,以保证兔的正常生长发育与繁殖。

⑤锰 锰主要存在于动物肝脏,参与骨组织基质中的硫酸软骨素形成,所以是骨骼正常发育所必需的。兔的日粮中,生长兔每千克日粮含 0.5 毫克,成年兔含 2.5 毫克,就可防止锰的缺乏症。锰的摄取量为每千克日粮含 10～80 毫克。

⑥锌 家兔对锌的需要量为每千克日粮含 30～50 毫克。

⑦碘 缺碘会引起甲状腺肿大。适宜含量为每千克日粮 0.2 毫克。

⑧硫 兔体内的硫,主要存在于蛋氨酸、胱氨酸内,维生素中的硫胺素(B_1)、生物素中含有少量硫。兔毛含硫 5%,多以胱氨酸形式存在,硫对兔毛、皮生长有重要作用。兔缺硫时食欲严重减退,出现掉毛现象。

⑨硒 家兔的每千克饲粮中,添加 0.1 毫克就可以满足要求。

(6)维生素的需要 维生素主要分两大类:脂溶性维生素和水溶性维生素。前者主要有维生素 A、维生素 D、维生素 E、维生素 K 等,后者包括整个 B 族维生素和维生素 C。对兔营养起关键性作用的是脂溶性维生素。青绿及糠麸饲料中均含多种维生素,只要经常供给家兔优质的青绿饲料,一般情况下不会造成缺乏。

(7)粗纤维的需要 粗纤维不易消化,吸水量大,起到填充胃肠的作用,给兔以饱腹感;粗纤维又能刺激胃肠蠕动,加快粪便排出。成年兔粗纤维过少,食物通过消化道的时间为正常的 2 倍。日粮中粗纤维不足易引起消化紊乱,发生腹泻,采食量下降,而且易出现异食癖,如食毛、吃崽等现象。6～12 周龄家兔,粗纤维含量应为日粮的 8%～10%。其他各类兔,日粮中粗纤维含量以

12％～14％为宜。生产中,由于我国的饲养环境和饲料品质多不达标,因此建议兔饲料中的粗纤维宜高出饲养标准1～2个百分点。

2. 家兔的饲养标准如何?

家兔的饲养标准是根据养兔生产实践中积累的经验,结合物质和能量代谢试验的结果,科学地制定出不同种类、品种、年龄、性别、体重、生理阶段、生产水平的家兔,每天每只所需的能量和各种营养物质的数量,或每千克日粮中各营养物质的含量。家兔的饲养标准中所规定的需要量是许多试验的平均结果,不一定完全符合每一个个体的需要。同一类型品种的兔,由于处于生长、维持、妊娠、泌乳、育肥等不同生理状态,其饲养标准也各异,因此饲养标准不是一成不变的。

家兔生产可以分为长毛兔、肉兔和獭兔生产3个方向。不同生产方向的饲养标准是有一定差异的(表9至表14),家兔生产者应该了解这些差异并能在实际生产中加以应用。

表9　我国建议的家兔营养供给量

营养指标	生长兔		妊娠母兔	哺乳兔	成年产毛兔	生长育肥兔
	3～12周龄	12周龄后				
消化能(兆焦/千克)	12.2	11.29～10.45	10.45	10.87～11.29	10.03～10.87	12.12
粗蛋白质(%)	18	16	15	18	14～16	16～18
粗脂肪(%)	2～3	2～3	2～3	2～3	2～3	3～5
钙(%)	0.9～1.1	0.5～0.7	0.5～0.7	0.8～1.1	0.5～0.7	1.0
总磷(%)	0.5～0.7	0.3～0.5	0.3～0.5	0.5～0.8	0.3～0.5	0.5
赖氨酸(%)	0.9～1.0	0.7～0.9	0.7～0.9	0.8～1.0	0.5～0.7	1.0

续表9

营养指标	生长兔		妊娠母兔	哺乳兔	成年产毛兔	生长育肥兔
	3～12周龄	12周龄后				
蛋氨酸＋胱氨酸(%)	0.7	0.6～0.7	0.6～0.7	0.6～0.7	0.6～0.7	0.4～0.6
精氨酸(%)	0.8～0.9	0.6～0.8	0.6～0.8	0.6～0.8	0.6	0.6
食盐(%)	0.5	0.5	0.5	0.5～0.7	0.5	0.5
铜(毫克/千克)	15	15	10	10	10	20
铁(毫克/千克)	100	50	50	100	50	100
锰(毫克/千克)	15	10	10	10	10	15
锌(毫克/千克)	70	40	40	40	40	40
镁(毫克/千克)	300～400	300～400	300～400	300～400	300～400	300～400
碘(毫克/千克)	0.2	0.2	0.2	0.2	0.2	0.2
维生素A(单位)	6000～10000	6000～10000	6000～10000	8000～10000	6000	8000
维生素D(单位)	1000	1000	1000	1000	1000	1000

表10 我国安哥拉毛兔营养需要量——推荐饲粮营养成分含量

营养指标	幼兔	青年兔	妊娠母兔	哺乳母兔	产毛兔	种公兔
消化能(兆焦/千克)	10.45	10.04～10.64	10.04～10.64	10.88	10.04～11.72	12.12
粗蛋白质(%)	16～17	15～16	16	18	15～16	17
可消化蛋白质(%)	12～13	10～11	11.5	13.5	11	13
粗纤维(%)	14	16	14～15	12～13	12～17	16～17
粗脂肪(%)	3.0	3.0	3.0	3.0	3.0	3.0
钙(%)	1.0	1.0	1.0	1.2	1.0	1.0

续表 10

营养指标	幼 兔	青年兔	妊娠母兔	哺乳母兔	产毛兔	种公兔
总磷(%)	0.5	0.5	0.5	0.8	0.5	0.5
赖氨酸(%)	0.8	0.8	0.8	0.9	0.7	0.8
蛋氨酸＋胱氨酸(%)	0.7	0.7	0.8	0.8	0.7	0.7
精氨酸(%)	0.8	0.8	0.8	0.9	0.7	0.9
食盐(%)	0.3	0.3	0.3	0.3	0.3	0.3
铜(毫克/千克)	2～200	10	10	10	20	10
锰(毫克/千克)	30	30	50	50	30	30
锌(毫克/千克)	50	50	70	70	70	70
钴(毫克/千克)	0.1	0.1	0.1	0.1	0.1	0.1
维生素 A(单位)	8000	8000	8000	10000	6000	12000
胡萝卜素(毫克/千克)	0.83	0.83	0.83	1.0	0.62	1.2
维生素 D(单位)	900	900	900	1000	900	1000
维生素 E(毫克/千克)	50	50	60	60	50	60

引自:中国农业科学,1991,24(3)。

表 11　我国推荐的獭兔饲养标准

营养指标	生长兔	成年兔	妊娠母兔	哺乳兔	毛皮成熟期
消化能(兆焦/千克)	10.46	9.20	10.46	11.3	10.46
粗蛋白质(%)	16.5	15	16	18	15
粗脂肪(%)	3	2	3	3	3
粗纤维(%)	14	14	13	12	14
钙(%)	1.0	0.6	1.0	1.0	0.6

续表 11

营养指标	生长兔	成年兔	妊娠母兔	哺乳兔	毛皮成熟期
磷(%)	0.5	0.4	0.5	0.5	0.4
蛋氨酸+胱氨酸(%)	0.5~0.6	0.3	0.6	0.4~0.5	0.6
赖氨酸(%)	0.6~0.8	0.6	0.6~0.8	0.6~0.8	0.6
食盐(%)	0.3~0.5	0.3~0.5	0.3~0.5	0.3~0.5	0.3~0.5
日采含量(克)	150	125	160~180	300	125

表 12   Lebas(1989)推荐的集约饲养肥育家兔的营养需要

营养成分	含量	营养成分	含量	营养成分	含量
消化能(兆焦/千克)	10.4	精氨酸(%)	0.9	钴(毫克/千克)	0.1
代谢能(兆焦/千克)	10.0	苯丙氨酸(%)	1.2	氟(毫克/千克)	0.5
脂肪(%)	3.0	钙(%)	0.5	维生素A(单位/千克)	6000
粗纤维(%)	14	磷(%)	0.3	维生素D(单位/千克)	900
难消化纤维素(%)	11	钠(%)	0.3	维生素B_1(单位/千克)	2
粗蛋白质(%)	16	钾(%)	0.6	维生素K(单位/千克)	0
赖氨酸(%)	0.65	氯(%)	0.3	维生素E(单位/千克)	50
含硫氨基酸(%)	0.6	镁(%)	0.03	维生素B_2(单位/千克)	6
色氨酸(%)	0.13	硫(%)	0.04	维生素B_6(单位/千克)	2
苏氨酸(%)	0.55	铁(毫克/千克)	50	维生素B_{12}(单位/千克)	0.01
亮氨酸(%)	1.05	铜(毫克/千克)	5	泛酸(毫克/千克)	20
异亮氨酸(%)	0.6	锌(毫克/千克)	50	烟酸(毫克/千克)	50
缬氨酸(%)	0.7	锰(毫克/千克)	8.5	叶酸(毫克/千克)	5
组氨酸(%)	0.35	碘(毫克/千克)	0.2	生物素(毫克/千克)	0.2

表 13　美国 NRC 家兔营养需要　（1980 年修订版）

营养指标	生 长 (4~12 周龄)	哺 乳	妊 娠	维 持	哺乳母兔 和仔兔
粗蛋白质(%)	15	18	18	13	17
蛋氨酸＋胱氨酸(%)	0.5	0.6	—	—	0.55
赖氨酸(%)	0.6	0.75	—	—	0.7
精氨酸(%)	0.9	0.8	—	—	0.9
苏氨酸(%)	0.55	0.7	—	—	0.6
色氨酸(%)	0.18	0.22	—	—	0.2
组氨酸(%)	0.35	0.43	—	—	0.4
异亮氨酸(%)	0.6	0.7	—	—	1.25
缬氨酸(%)	0.7	0.85	—	—	0.8
亮氨酸(%)	1.05	1.25	—	—	1.2
可消化纤维(%)	12	10	12	13	12
粗纤维(%)	14	12	14	15~16	14
可消化能(兆焦/千克)	10.46	11.3	10.46	9.2	10.46
代谢能(兆焦/千克)	10.04	10.88	10.04	8.87	10.08
脂肪(%)	3	5	3	3	3
钙(%)	0.5	1.1	0.8	0.6	1.1
磷(%)	0.3	0.8	0.5	0.4	0.8
钾(%)	0.8	0.9	0.9	—	0.9
钠(%)	0.4	0.4	0.4	—	0.4
氯(%)	0.4	0.4	0.4	—	0.4

续表 13

营养指标	生 长 (4~12周龄)	哺 乳	妊 娠	维 持	哺乳母兔 和仔兔
镁(%)	0.03	0.04	0.04	—	0.04
硫(%)	0.04	—	—	—	0.04
钴(毫克/千克)	1	1	—	—	1
铜(毫克/千克)	5	5	—	—	5
锌(毫克/千克)	50	70	70	—	70
锰(毫克/千克)	8.5	2.5	2.5	2.5	8.5
碘(毫克/千克)	0.2	0.2	0.2	0.2	0.2
铁(毫克/千克)	50	50	50	50	50
维生素A(单位/千克)	6000	12000	12000	—	10000
胡萝卜素(毫克/千克)	83	83	83	—	83
维生素D(单位/千克)	900	900	900	—	900
维生素E(毫克/千克)	50	50	50	50	50
维生素K(毫克/千克)	0	2	2	0	2
维生素C(毫克/千克)	0	0	0	0	0
硫胺素(毫克/千克)	2	—	0	0	2
核黄素(毫克/千克)	6	—	0	0	4
吡哆醇(毫克/千克)	40	—	0	0	2
维生素B_{12}(毫克/千克)	0.01	0	0	0	—
叶酸(毫克/千克)	1	—	0	0	—
泛酸(毫克/千克)	20	—	0	0	—

表 14　德国 W. Schlolant 推荐的家兔混合料营养标准

营养指标	育肥兔	繁殖兔	产毛兔
消化能（兆焦/千克）	12.14	10.89	9.63～10.89
粗蛋白质（%）	16～18	15～17	15～17
粗脂肪（%）	3～5	2～4	2
粗纤维（%）	9～12	10～14	14～16
赖氨酸（%）	1	1	0.5
蛋氨酸＋胱氨酸（%）	0.4～0.6	0.7	0.7
精氨酸（%）	0.6	0.6	0.6
钙（%）	1	1	1
磷（%）	0.5	0.5	0.3～0.5
食盐（%）	0.5～0.7	0.5～0.7	0.5
钾（%）	1	1	0.7
镁（毫克/千克）	300	300	300
铜（毫克/千克）	20～200	10	10
铁（毫克/千克）	100	50	50
锰（毫克/千克）	30	30	10
锌（毫克/千克）	50	50	50
维生素 A（单位/千克）	8000	8000	6000
维生素 D（单位/千克）	1000	800	500
维生素 E（毫克/千克）	40	40	20
维生素 K（毫克/千克）	1	2	1

续表14

营养指标	育肥兔	繁殖兔	产毛兔
胆碱(毫克/千克)	1500	1500	1500
烟酸(毫克/千克)	50	50	50
吡多醇(毫克/千克)	400	300	300
生物素(毫克/千克)	—	—	25

3. 蛋白质的主要功能是什么？

蛋白质是生命的重要物质基础,是细胞的重要组成成分,它涉及动物代谢的大部分生命攸关的化学反应,在生命过程中起着重要的作用。在家兔饲养中,蛋白质是兔体肌肉组织、毛组织、细胞膜、某些激素和全部生物活性酶的主要组成成分。蛋白质是含有氮、碳、氢、氧和硫的复杂有机化合物,不能被饲料中的其他营养素所代替。家兔饲粮中缺乏蛋白质的结果只能是家兔的生长生产停滞、诱发疾病,时间稍长导致死亡。

(1)蛋白质是建造机体组织细胞的主要原料　家兔的肌肉、神经、结缔组织、腺体、精液、皮肤、血液、毛发等,都以蛋白质为主要成分,起着传导、运输、支持、保护、连接、运动等多种功能的作用。肌肉、肝、脾等组织器官,其干物质含蛋白质均在80%以上。

(2)蛋白质是机体内功能物质的主要成分　在家兔的生命和代谢活动中起催化作用的酶,起调节作用的激素,具有免疫和防御功能的免疫体和抗体等,都是以蛋白质为其主体构成的。另外,蛋白质在维持体内的渗透压和水分的正常分布方面也都起着重要作用。

(3)蛋白质是组织更新修补的主要原料　在动物的新陈代谢

过程中,组织和器官的蛋白质不断更新,损伤组织也需修补。据测定,动物全身蛋白质 6～7 个月可更新 1 次。

(4)蛋白质可转化为糖、脂肪 在机体营养不足时,蛋白质也有分解功能,维持机体的代谢活动。当摄入蛋白质过多时,也可转化成糖、脂肪和分解产热供机体代谢用。

4. 能量有什么作用?

能量是物质运动的一种量度,一切生命活动均需要能量。家兔物质代谢及生理活动所需要的能量,均来源于饲料中三大有机营养素,即碳水化合物、脂肪和蛋白质,其中又以前二者为主,当饲粮中能量不足时,兔体才动用蛋白质产能。兔体内的能量贮存主要形式是糖原和脂肪。

饲粮能量在兔体内的转换过程如图 17 所示。

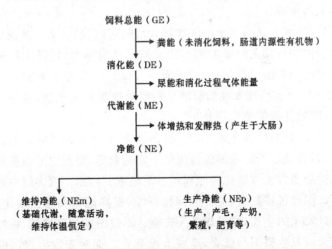

图 17 能量转换过程示意图

由于家兔消化道产生的气体的能量很不易测定,因此饲粮准确的代谢能含量也就难以测定。所以,国内外都趋向于用消化能表示家兔的能量需要和饲料的能量价值。

家兔饲粮的能量水平直接影响生产水平。能量不足会导致家兔健康恶化,能量利用率降低,体脂分解过多导致酮血症,体蛋白分解导致毒血症。能量水平过高会导致体内脂肪沉积过多,种兔过肥影响繁殖功能。因此,要针对不同种类、不同生理状态控制合理的能量水平,以保证家兔健康,提高生产性能。

5. 粗纤维有什么作用?

家兔是单胃草食动物,对粗纤维的消化能力有限。但是由于发达的盲肠以及盲肠内复杂微生物体系的存在,使粗纤维对家兔具有特殊的生理功能。在目前家养的动物中,纤维营养对于家兔显得尤为重要。

(1)为家兔提供能量　纤维进入后肠(盲肠和结肠),被栖居其内的微生物分泌的纤维素酶逐步分解。在盲肠内,粗纤维被分解成挥发性脂肪酸(VFA),其中乙酸为 78.2%,丙酸为 9.3%,丁酸为 12.5%。这些挥发性脂肪酸被盲肠黏膜吸收入血液,参与体内代谢,产生能量供机体需要。

(2)维持肠道微生态平衡　低纤维日粮是导致家兔腹泻的主要诱因,日粮中粗纤维不仅仅提供一定的营养,更重要的是粗纤维对维持肠道内正常消化功能起到举足轻重的作用。很多国内外养兔者试图通过提高营养水平(降低纤维,提高能量和蛋白质比例)来促进家兔的生长,结果却令人失望。不仅不能加速增长,在短短的几天内发生腹泻和肠炎,造成大批死亡。而对于发生腹泻的兔群,仅仅增加粗饲料(投喂粗饲料,让其自由采食)而不投喂任何药物,患兔逐渐恢复健康。由此可见,粗纤维在维持家兔正常的消化功能方面发挥了其他营养所不可代替的作用。

（3）促进消化系统的发育　不同纤维日粮饲喂仔兔和幼兔，其消化系统的发育不同。较高的粗纤维含量，可使胃的容积增大，肠道变长增粗，黏膜充分发育，消化道重量增加。一定的粗纤维对于胃液、肠液和胆汁的分泌，上皮细胞的分泌与吸收，起到促进作用。一方面是纤维的机械刺激作用，促进黏膜的血液循环；另一方面纤维分解产生的丁酸为后肠黏膜的代谢提供充足的能源。

（4）增强胃肠蠕动　适量的粗纤维，可保持粪便的正常状态和正常排泄，而过高或过低的粗纤维容易发生便秘或腹泻。

（5）肠道解毒功能　正常情况下，肠道食糜中含有一定的毒素，其来自饲料（如霉菌毒素、有毒饼粕等）、肠道代谢产物及有害微生物（如大肠杆菌毒素、魏氏梭菌毒素）等，粗纤维在降低毒素对机体的毒害方面发挥其他物质不可替代的作用。

（6）减少异食癖　摄取饲料和自身粪便是家兔的正常采食行为，除此以外的啃食被称为异食癖，如食毛、食足、食仔、食土和啃食笼具等。家兔的很多异食癖与纤维不足有密切的联系，尤其是啃食笼具和食毛，在限制采食的情况下异食更加严重。适量的粗纤维含量在消化道吸水膨胀，使家兔产生饱感。家兔门齿具有终生生长的特性，欲保持适宜的长度，必须不断得到磨损，其中日粮纤维扮演着重要角色。

（7）提高种兔的繁殖力　适量的粗纤维对于控制种兔的体况，减少脂肪囤积，维持正常的性活动起到重要作用。适量的粗纤维可以缓解妊娠早期由于营养水平的过高而造成胚胎死亡。

总之，粗纤维是家兔的重要的营养素之一，对家兔具有特殊的生理功能。正确理解和合理利用粗纤维，对于确定家兔日粮适宜的粗纤维含量，合理配制日粮和养好家兔，具有重大意义。

6. 脂肪有什么作用？

脂肪的主要功能是作为能量来源。在同一重量基础上，它含有的能量约为碳水化合物的 2.25 倍。在配制高能量的日粮时，常添加脂肪。

脂肪除提高日粮能量水平外，在日粮中添加 2%～5% 脂肪，还有助于提高饲料的适口性，减少粉尘，在制作颗粒饲料时起润滑作用，还有助于饲料中脂溶性维生素的吸收和增加家兔被毛光泽。国外常在家兔日粮中添加玉米油。

此外，家兔日粮中添加油脂有助于改善碳水化合物和蛋白质等养分在小肠中的消化和吸收，而碳水化合物在小肠内的消化比在大肠内的消化具有更高的利用率。因此，日粮中添加脂肪往往会获得比预期更多的能量，这种现象被称之为"超能效应"或"超代谢效应"。

7. 矿物质包括哪些种类？有什么作用？

矿物质是动物饲料中灰分的主要组成部分，主要由无机元素组成。家兔体内的矿物质种类很多，约占体重的 5%，其主要功能是机体结构的组成成分。家兔所需要的各种矿物质，必须由饲料供给的称为必需矿物质元素。根据其含量占体重的比例，它被分为两大类，其中含量占体重 0.01% 以上的称为常量矿物质元素，如钙、磷、钾、钠、氯、镁、硫；含量占体重 0.01% 以下者称为微量元素，如铁、铜、锰、锌、硒、钴、碘等。

家兔所需的各种矿物质元素功能各异，在骨组织中钙（Ca）、磷（P）起着骨架的作用；钾（K）、钠（Na）在体内有调节生物液（血液、原生质等）的作用；铜（Cu）、硒（Se）、锌（Zn）等是酶的辅助因子,它们对酶的活性是必需的;碘(I)是甲状腺素的一个组成部分;硫(S)是含硫氨基酸(蛋氨酸和胱氨酸)以及某些维生素(氯化硫胺素和生物素)的组成成分;铁(Fe)是血红蛋白的组分,它将氧运输给细胞;钴(Co)是维生素 B_{12} 的组分;磷是三磷酸腺苷(ATP)的组分,在细胞代谢中起转移能量的作用。

8. 维生素包括哪些种类? 有什么作用?

维生素是家兔代谢过程中所必需的,如果缺乏,会引起家兔一些特殊症状。维生素是一类具有生物活性的有机化合物,可分为脂溶性维生素和水溶性维生素两大类。前者包括维生素 A、维生素 D、维生素 E、维生素 K;后者包括 B 族维生素和维生素 C。

脂溶性维生素中,维生素 A 参与视紫质的合成,而视紫质与家兔的感光过程有关,维生素 A 还具有保护上皮组织结构完整和健全的作用以及促生长作用。需要注意,植物中不含维生素 A,但含有类胡萝卜素,在家兔体内可以转化成维生素 A,转化效率较高。维生素 D 与钙、磷代谢有关,主要是促进小肠对 Ca 和 P 的吸收,使血液中 Ca、P 浓度增加,有利于在骨骼和牙齿沉积。维生素 E,又称生育酚,与动物的生殖功能相关,可以维持肌肉、血管和神经系统的正常功能,还具有抗氧化功能。维生素 K 的主要功能是促进肝脏合成凝血酶原,参与造血功能。由于家兔肠道细菌能够合成维生素 K,植物性饲料中含量也较高,因此家兔一般不会出现维生素 K 缺乏症。

水溶性维生素中,B 族维生素种类很多,对家兔较为重要的主要有硫胺素(维生素 B_1)、核黄素(维生素 B_2)、泛酸(维生素 B_3)、胆碱、吡哆醇(维生素 B_6)、钴胺素(维生素 B_{12})等。家兔食软粪后,这些维生素可被家兔吸收。软粪中 B 族维生素比硬粪中含量高 3～6 倍。因此,食软粪摄取维生素是家兔 B 族维生素的主要来源。其中,维生素 B_1(硫胺素)是糖和脂肪代谢过程中某些酶的辅酶,缺乏易造成食欲减退乃至丧失。丙酮酸在血液中积聚,导致肌肉麻痹,运动失调,惊厥,昏迷甚至死亡。维生素 B_2(核黄素)是氧化还原酶的辅酶,在糖的完全氧化过程中起传递氢的作用。维生素 B_3(烟酸)是体内很多脱氢酶的辅酶,胆碱主要参与体内脂肪代谢过程,维生素 B_6(吡哆醇)主要功能是参与体内三大营养物质的代谢过程,维生素 B_{12}(钴胺素)在核酸合成中与叶酸共同起作用。日粮中添加 B 族维生素并不能改善家兔生产性能,这与家兔肠道微生物能够合成足量的维生素,并且还可以从植物性饲料中获取有关。因此,正常情况下,家兔很少出现 B 族维生素缺乏症,但在家兔日粮中适量添加可提高家兔的抵抗力和抗应激能力。维生素 C 又称为抗坏血酸,家兔体内能够合成维生素 C,一般不需要从日粮中供给。但日粮中加入维生素 C 可以抑制由梭状芽孢杆菌引起的肠炎。

9. 常用的青绿饲料有哪些?具有什么特点?

青绿饲料主要是指新鲜植物的茎叶,自然状态下其水分含量要大于 60%,包括天然牧草、人工栽培牧草、青刈饲料作物、野青草、嫩枝树叶、菜叶类及水生饲料等,这类饲料来源广泛,产量丰富,能较好地被家兔利用。

青绿饲料的营养特点是:

(1)水分含量高　青绿饲料水分含量为 85% 左右,有的甚至高达 90%,如一些水生饲料。

(2)适口性好　青绿饲料幼嫩多汁,纤维素含量低,适口性好,消化率高,营养比较均衡。

(3)富含蛋白质　青绿饲料含有丰富的蛋白质,按干物质计算,青绿饲料中粗蛋白质含量比禾本科子实还要多。如全干状态下的青苜蓿中粗蛋白质含量为 20% 左右,相当于玉米子实中粗蛋白质含量的 2.5 倍,是大豆饼的一半。不仅如此,青绿饲料的氨基酸组成也优于其他植物性饲料,含有各种必需氨基酸,以赖氨酸、色氨酸的含量最高。据测定,青草的蛋白质生物学价值比精饲料还高 25% 以上。特别是青绿饲料叶片中叶绿蛋白的氨基酸组成近似于酪蛋白。

(4)富含多种维生素　青绿饲料中含有各种维生素,特别是胡萝卜素。据测定,每千克青草中含有 50~80 毫克胡萝卜素,不仅如此,B 族维生素的含量也很丰富。例如,1 千克青苜蓿中含硫胺素 1.5 毫克、核黄素 4.6 毫克、烟酸 18 毫克。此外,还含有一定数量的维生素 E、维生素 K 等,不含维生素 D。

10. 常用的多汁饲料有什么特点？应如何喂兔？

家兔常用的多汁饲料种类很多,如胡萝卜、雪里蕻、白萝卜、菊芋、甜菜、甘薯、马铃薯、青贮饲料等。其特点是水分含量高(75%~95%),粗纤维含量低(2.6%~3.24%)。无氮浸出物含量高(占干物质的 67.5%~88.1%),粗蛋白质含量低,矿物质中钾含量丰富但缺少钙和磷,B 族维生素含量少,是冬、春缺青季节家兔的主要维生素补充饲料。

在这些饲料中,胡萝卜的品质最好。每千克鲜胡萝卜含有胡萝卜素 2.11~2.72 毫克。长期饲喂胡萝卜,对于提高种兔的繁殖力有良好效果。

由于多汁饲料含水量高,多具寒性。因此,喂量应当控制,成兔以日喂 100~200 克为宜,否则造成大便变软,甚至腹泻。

多汁饲料应洗净切碎再进行饲喂,应注意补充粗蛋白质和钙、磷;防止甘薯黑斑病中毒、马铃薯龙葵精中毒、木薯氢氰酸中毒和白菜的亚硝酸盐中毒。饲喂家兔青贮饲料时,应与一定量的混合精料和干草合理搭配,不能单独进行饲喂。

11. 树叶类饲料是否可以喂兔?

树叶中含有纤维素、糖、脂肪、蛋白质、氨基酸及维生素和矿物质等多种营养成分,是家兔的好饲料。鲜嫩树叶的营养价值最高,其次是落叶,枯黄叶较差。新鲜树叶可以直接饲喂,也可青贮后使用,使兔常年吃到青饲料。落叶和枯黄叶如经微生物发酵(微贮),则能够提高其营养价值。树叶类饲料主要有刺槐叶、松针、桑树叶、榆树叶、果树叶等。

(1)刺槐叶 又称洋槐。新鲜刺槐叶含干物质 28.8%、总能 5.33 兆焦/千克、粗蛋白质 7.8%、粗纤维 4.2%、钙 0.29%、磷 0.03%,富含多种维生素和微量元素,其营养价值不亚于豆科牧草。刺槐叶以鲜用为好,也可以制成刺槐叶粉。饲喂刺槐叶要注意合理搭配,不应长期单独使用,需搭配精料和其他青绿饲料。

(2)松针 可以加工成松针粉,便于贮藏、运输和使用,如能在加工中除去松针中的松香磷脂和单宁,则适口性更好。松针粉的土法加工也很简单,将采集到的松针及嫩枝洗净、晒干、粉碎后即可。松针粉含蛋白质 7%~12%,有赖氨酸、天冬氨酸等 18 种氨基酸,氨基酸总量达 5.5%~8.1%;含粗脂肪 7%~12%、微量元素铁、锰等高于草本和豆科植物的茎叶。松针粉还含有多种维生素,其中以胡萝卜素的含量最为突出。在家兔日粮中添加松针粉,可以明显地促进家兔生长,提高长毛兔的产毛量,增加母兔产仔数和提高仔兔成活率。用鲜松针加水煮沸 1 小时,取松针汁喂兔,每日 1 次,连喂 3 天,可预防和治疗家兔感冒。

(3)苹果叶 喂家兔效果很好,可整叶饲喂,也可粉碎后饲喂。苹果树枝条,家兔也很喜欢吃。饲喂时可将苹果枝条折成小段放到兔舍或笼内。家兔有剥啃树皮的本领,每根枝条的皮都能剥吃得很干净。因此,苹果树每年剪下的枝条都可以用其喂家兔。

(4)桑叶及其枝条　也可用来喂家兔,喂法与苹果树叶及枝条相同。桑叶筋是经蚕吃剩下的部分,其营养价值仍然很高,也可作家兔的饲料来喂。若数量多一时喂不了,可阴干贮藏起来作冬季饲料用,也可粉碎。经霜冻的桑叶不仅可作饲料,而且还可作药用。霜打的桑叶对家兔感冒、咳嗽、摇头风、燥热不食、眼睛红肿均有预防和治疗作用,特别是对中暑的家兔更有明显的疗效。因此,民间称为"桑宝"。饲喂时可整叶喂,也可晒干后粉碎拌于混合饲料中饲喂。

12. 什么是粗饲料? 营养特点如何?

饲料干物质中粗纤维含量大于或等于18％,并以风干物质为饲喂形式的饲料称为粗饲料。粗饲料包括青干草与农副产品的秸秆、秕壳及藤蔓、荚壳等。粗饲料的营养价值受品种、收获期、晾晒、运输和贮存方法等因素的影响,凡能保持青绿颜色和芳香气味的干草,营养价值较高。

这类饲料的营养特点是粗纤维含量高(30％～50％),其中木质素比例大,所以适口性差,消化率低,能值低;粗蛋白质的含量低,品质差,缺乏必需氨基酸;矿物质含量高,其中大部分为硅酸盐;钙、磷含量低,比例也不适宜;除维生素D外,其他维生素都缺乏,尤其缺乏胡萝卜素,总体营养价值不高。在家兔日粮中的主要功能是提供适量的粗纤维和参与构成合理的饲粮结构,在冬、春季节也可作为小规模家庭养兔的主要饲料来源。

13. 常用的粗饲料主要有哪些?

适合喂兔的粗饲料来源很广,数量很大,种类很多,主要包括两大类：即干草类和秸秆类。干草类饲料有人工栽培干草、野青干草和干树叶等；秸秆饲料有玉米秸、花生秧、甘薯藤、豆秸等。

（1）干草类　干草是指青草（或其他青绿饲料植物），在未结子实前，刈割下来，经晒干（或其他办法干制）制成。由于干草是由青绿植物制成，在干制后仍然保留一定青绿颜色，故有人又称之为青干草。豆科牧草是品质比较优良的粗饲料，粗蛋白质、钙、磷、胡萝卜素含量较高，是家兔的理想粗饲料。最常用的豆科牧草是苜蓿，具有"牧草之王"的称号，其他常用的豆科牧草有三叶草、紫云英、花生秧和豌豆等都是品质优良的家兔饲料。禾本科牧草的营养价值低于豆科牧草，其粗蛋白质、矿物质含量低，粗纤维含量高，粗纤维组分品种间差异较大，消化率变异也大。一般来说，禾本科牧草的消化率都比较低，饲用价值也低。

（2）秸秆饲料　秸秆是指农作物收获子实后所得的副产品，如玉米秸、稻草、谷草、各种麦类秸秆、豆类和花生的秸秆等，粗纤维含量高，营养价值低。因家兔日粮中要求一定量的粗纤维，所以这些秸秆饲料也可作为饲粮的组分搭配进行饲喂。

据报道，用玉米秸喂兔，家兔对其中粗蛋白质、能量的消化率远远高于猪、马，但作物秸秆直接饲喂的适口性较差，消化率不高，最好粉碎后同其他精饲料混合制成颗粒料，可延长它们在肠道中的停留时间，提高消化率。

14. 能量饲料主要有哪些？

能量饲料是指饲料干物质中粗纤维含量低于18％，粗蛋白质含量低于20％的一类饲料，包括谷实类、糠麸类、块根块茎类，饲料工业上常用的油脂类、糖蜜类也属于能量饲料。

（1）谷实类饲料　家兔常用的谷实类饲料包括玉米、大麦、燕麦、小麦、高粱、粟谷、稻米、草籽等。谷实类饲料基本上属于禾本科植物成熟的种子,这类饲料一般属于高能饲料,其共同特点是:消化能非常高,淀粉含量高,粗纤维含量较低,一般在5%以下,粗蛋白质含量较低,钙、磷比例不平衡。喂养家兔,燕麦和大麦无论在适口性,还是在生产效果上都要优于玉米和小麦。

(2)糠麸类饲料　糠麸类饲料属于谷实加工的副产品,制米的副产品统称糠,制粉的副产品称为麸。主要包括米糠、小麦麸、大麦麸、燕麦麸、玉米皮、高粱糠及谷糠等。其中以米糠和小麦麸为主,特点是粗蛋白质、矿物质和B族维生素含量丰富,粗纤维含量高且易被家兔消化,适口性也好。

(3)块根、块茎类饲料　主要包括木薯、甘薯、胡萝卜、马铃薯、饲用甜菜、南瓜等。这类饲料含水量高,达70%～90%,容积大,新鲜状态下所含养分少,消化能值低。若按干物质计,其粗纤维和粗蛋白质含量均较低。此类饲料鲜喂,适口性很好,容易消化,具有润便和调养作用,是家兔的良好饲料。胡萝卜中含有较多的胡萝卜素,可作为家兔冬、春缺青季节重要的维生素补充料。这类饲料有的含有一定的毒性,饲喂时应格外注意。如甘薯保存不当,会生芽、腐烂或出现黑斑,黑斑甘薯具有毒性、味苦,家兔采食会引发气喘病、腹泻,重者致死;马铃薯用来喂兔时,需注意有毒成分——龙葵素,阳光照射或腐败会使龙葵素含量增加,绿皮和发芽处含量高,家兔采食后会出现痴呆、精神沉郁、呕吐、腹泻和皮肤溃疡等中毒症状。因此在保存时尽量避免发芽、发绿,对已发芽变绿的块茎,饲喂前应注意除去嫩芽及发绿部分,并进行蒸煮。

(4)制糖副产品　主要包括甜菜渣、甘蔗渣、糖蜜。甜菜渣是甜菜制糖时压榨后的残渣。鲜甜菜渣的水分含量多,适口性好,易消化,是家兔良好的多汁饲料。干燥品中无氮浸出物可达56.5%,而粗蛋白质和粗脂肪少,粗纤维含量高(16.7%～23.3%),但较易消化。矿物质中钙多磷少,维生素中除烟酸含量稍多外,其他均低。

糖蜜又称糖浆,是在制糖过程中,将压榨出的甘蔗汁液(或甜菜汁液),经加热、中和、沉淀、过滤、浓缩、结晶等工序后,所剩下的浓稠液体。主要成分是糖,占 50%～60%,粗蛋白质含量较低,一般为 3%～6%;灰分较多,为 8%～10%;能量高,易消化,适口性好。家兔饲粮中加入糖蜜可提高饲料适口性,改善颗粒料质量,有黏结作用,减少粉尘,并可取代饲粮中其他较昂贵的碳水化合物饲料,以供给能量。糖蜜的矿物质含量很高,主要是钾。糖蜜具有轻度导泻作用,在加工颗粒料时适宜用量在 3%～6%。

15. 植物性蛋白质饲料主要有哪些?

植物性蛋白质饲料属于蛋白质饲料的一类,指饲料干物质中粗蛋白质含量高于 20%,粗纤维含量低于 18% 的所有植物性饲料(包括副产品)。

(1)大豆饼(粕) 大豆因榨油方法不同,其副产物可分为豆饼和豆粕两种类型。用压榨法加工的副产品叫豆饼,用浸提法加工的副产品叫豆粕。豆饼(粕)中含粗蛋白质 40%～45%,含代谢能 10.04～10.88 兆焦/千克。矿物质、维生素的营养水平与谷实类大致相似,且适口性好,经加热处理的豆饼(粕)是家兔最常用的优质植物性蛋白质饲料,一般在饲粮中用量可占 20% 左右。虽然豆饼中赖氨酸含量比较高,但缺乏蛋氨酸,故与其他饼(粕)类或鱼粉配合使用,或在以豆饼为主要蛋白质饲料的无鱼粉饲粮中加入一定量合成氨基酸,试验效果更好。在大豆中含有抗胰蛋白酶、红细胞凝集素和皂角素等,前者妨碍蛋白质的消化吸收,后者是有害物质。大豆榨油前,其豆胚经 130℃～150℃ 蒸汽加热,可将有害酶类破坏,除去毒性。用生豆饼(用生豆榨压成的豆饼)喂兔是十分有害的,生产中应加以避免。

(2)花生饼 花生饼中粗蛋白质含量略高于豆饼,为 42%～

48%,精氨酸含量高,赖氨酸含量低,其他营养成分与豆饼相差不大,但适口性好于豆饼,与豆饼配合使用效果较好,一般在饲粮中用量可占 15%～20%。生花生仁和生大豆一样,含有抗胰蛋白酸,不宜生喂,用浸提法制成的花生饼(生花生饼)应进行加热处理。此外,花生饼脂肪含量高,不耐贮藏,易染上黄曲霉菌而产生黄曲霉毒素。这种毒素对家兔危害严重,所以生长黄曲霉的花生饼不宜喂兔。

(3)葵花籽饼(粕) 葵花籽饼的营养价值随含壳量多少而定。优质的脱壳葵花籽饼粗蛋白质含量可达 40%以上,蛋氨酸含量比豆饼多 2 倍,粗纤维含量在 10%以下,粗脂肪含量在 5%以下,钙、磷含量比同类饲料高,B 族维生素含量也比豆饼丰富,且容易消化。但目前完全脱壳的葵花籽饼很少,绝大部分是含一定量的籽壳,从而使其粗纤维含量较高,消化率降低。目前常见的葵花籽饼的干物质中粗蛋白质平均含量为 22%,粗纤维含量为 18.6%;葵花籽粕含粗蛋白质 24.5%,含粗纤维 19.9%,按国际饲料分类原则应属于粗饲料。因此,含籽壳较多的葵花籽饼(粕)在饲粮中用量不宜过多,一般占 5%～15%。

(4)芝麻饼 芝麻饼是芝麻榨油后的副产物,含粗蛋白质 40%左右,蛋氨酸含量高,适当与豆饼搭配喂兔,能提高蛋白质的利用率。一般在饲粮中用量可占 5%～10%,由于芝麻饼含脂肪多而不宜久贮,最好现粉碎现喂。

(5)菜籽饼 菜籽饼蛋白质含量高(占 38%左右),营养成分含量也比较全面,与其他油饼类饲料相比突出的优点是:含有较多的钙、磷和一定量的硒,B 族维生素(尤其是核黄素)的含量比豆饼含量丰富,但其蛋白质生物学价值不如豆饼,尤其是含有芥子毒素,有辣味,适口性差,生产中需加热处理去毒才能作为家兔的饲料。

(6)棉籽饼 机榨脱壳棉籽饼含粗蛋白质 33%左右,其蛋白质品质不如豆饼和花生饼;粗纤维含量 18%左右,且含有棉酚。

一般来说,棉籽饼不宜单独作为家兔的蛋白质饲料,经去毒后(加入 0.5%～1% 的硫酸亚铁),添加氨基酸或与豆饼、花生饼配合使用效果较好,但在饲粮中量不宜过多,一般占日粮的 5%～8%,妊娠母兔应格外慎重。

(7)亚麻仁饼 又称胡麻仁饼,含粗蛋白质 37% 以上,钙含量高,适口性好,易于消化,但含有亚麻毒素(氢氰酸),所以使用时需进行脱毒处理(用凉水浸泡后高温蒸煮 1～2 小时)。

16. 动物性蛋白质饲料主要有哪些?

动物性蛋白质饲料主要包括水产副产品、乳品加工副产品、动物屠宰的下脚料、蝇蛆粉等。这类饲料的粗蛋白质含量多数在 50% 以上,氨基酸含量比较均衡,有较高的生物学价值和利用价值。消化率一般都在 80% 以上,矿物质和维生素含量较丰富,且比较均衡,尤其是 B 族维生素含量较多。由于家兔具有草食性,动物性饲料的适口性较差,故在家兔日粮中的使用量较小,主要用来调整和补充某些必需氨基酸。目前,我国工业单体氨基酸的供应非常充足,所以动物性蛋白质饲料在养兔生产中的作用则更加淡薄。

(1)鱼粉 是优质的动物性蛋白质饲料,在常用蛋白质饲料中效果最好。在实际应用中,鱼粉种类繁多,质量差别很大。优质进口鱼粉的蛋白质含量可达 60% 以上,而且蛋白质品质好,含有多种必需氨基酸,尤其是赖氨酸、蛋氨酸和色氨酸含量丰富,并且含有丰富的钙、磷、硒、碘和多种维生素。国产的鱼粉质量一般差一些,蛋白质含量在 45%～55%。鱼粉不耐长期贮存,尤其是在高温高湿季节,容易发霉变质,变质的鱼粉可诱发消化道疾病。在实际使用过程中,应注意鱼粉掺杂、掺假问题,往往掺杂尿素、糠麸、血粉、羽毛粉、锯末、花生壳等,购买时应注意检测;

另外,还应注意国产鱼粉食盐含量问题,一般要求在 7% 以下。鱼粉价格较高,在家兔饲料中用量较少,一般可在泌乳母兔饲料中添加 1%～3%。

(2)肉骨粉　肉骨粉营养价值因采用骨的比例不同而异,一般说来,粗蛋白质含量在 30%～40%,氨基酸组成较好,但是赖氨酸和蛋氨酸含量明显比鱼粉要低,而且肉骨粉的消化率一般只有 80% 左右,并且钙、磷含量高,与其他蛋白质饲料一块混合使用较好。一般用量在 3%～5%。

(3)水解羽毛粉　水解羽毛粉含有 80% 的粗蛋白质,主要缺陷是赖氨酸、色氨酸和组氨酸含量低,如果注重解决氨基酸平衡问题,水解羽毛粉也是家兔良好的蛋白质饲料资源,特别是水解羽毛粉中含硫氨基酸含量高,用以饲喂长毛兔会取得更加明显的效果。水解羽毛粉在家兔日粮中的用量可达 3% 左右。

(4)血粉　血粉是屠宰牲畜所得血液经干燥后所得的产品,含粗蛋白质 80% 以上,赖氨酸含量高达 6%～7%,但异亮氨酸、蛋氨酸含量较低。维生素、钙、磷含量较少,铜、铁、锌、硒等含量较高,特别是铁的含量最高。血粉适口性较差,具有特殊的腥味,在日粮中不宜多用,必须经过脱腥处理。

(5)蝇蛆粉　蝇蛆粉的干物质中粗蛋白质含量达 63.1%,必需氨基酸含量丰富,蛋氨酸含量与鱼粉相近,胱氨酸含量低,脂肪含量高达 25.9%。另外,蝇蛆粉中含有几丁质、抗菌肽等免疫增强物质,可提高动物的自身免疫力。

(6)蚯蚓粉　粗蛋白质含量高,达 60% 左右,氨基酸含量丰富,比例均衡,其中苏氨酸、胱氨酸含量高于进口鱼粉。日粮中添加 1%～3% 的蚯蚓粉,对于提高獭兔的被毛品质和毛兔的产毛量均有显著效果。用于泌乳母兔,有通乳、催乳作用。

17. 微生物蛋白饲料主要有哪些？

微生物蛋白性饲料是由各种微生物细胞制成的蛋白质饲料，包括酵母和单细胞蛋白饲料。其中以饲用酵母应用最为成功。发酵制成的酵母混合饲料的粗蛋白质含量一般可达 20％～40％，有的能达到 60％，与鱼粉相比，其蛋氨酸含量较低，但赖氨酸、苏氨酸和色氨酸含量高，B 族维生素含量丰富，其生物学价值高于植物性蛋白质饲料。但其适口性差，有苦味，在家兔日粮中的用量一般为 2％～5％。

单细胞蛋白饲料又称生物菌体蛋白饲料，是指酵母菌、真菌、藻类、非致病性细菌等单细胞微生物体内所产生的菌体蛋白质饲料。单细胞蛋白饲料不仅蛋白质含量高（40％～80％），还富含多种酶系、脂肪、碳水化合物、核酸、维生素和矿物质以及动物机体所必需的多种氨基酸。必需氨基酸组成和利用率与优质豆饼相似，特别是植物饲料中缺乏的赖氨酸、蛋氨酸和色氨酸含量较高，生物学价值大大优于植物性蛋白质饲料。单细胞生物是 B 族维生素的良好来源，如啤酒酵母含核黄素 38.5 毫克/千克、硫胺素 94.6 毫克/千克。微量元素中富含铁、锌、硒。单细胞蛋白质饲料在动物肠道中释放干扰素及免疫活性因子，可提高机体免疫能力。酵母类单细胞生物一般具有苦味，适口性不佳，在配合家兔日粮时比例不宜过高。

18. 矿物质饲料主要有哪些？

（1）常量矿物元素饲料　石粉，主要指石灰石粉，为天然的碳酸钙。石粉中含纯钙 35％以上，是补充钙最廉价、最方便的矿物质饲料。品质良好的石灰石粉与贝壳粉，含有约 38％的钙，且镁含量不超过 0.5%。石灰石中只要铅、汞、砷、氟、镉的含量不超过安全系数,都可用作饲料。

贝壳粉是牡蛎等的贝壳经粉碎后制成的产品,为白色或灰白色、粉红色等,具暗淡、半透明光泽,贝壳粉为粉状,但有较大壳块,贝壳粉有鲜腥味,其化学成分也是碳酸钙。贝壳粉内常常夹杂沙石和沙砾,使用时应予检查,并应注意有无生物尸体的发霉、腐臭等情况。通常贝壳粉含钙 34%～35%,含磷很少,在 0.5% 以下。

蛋壳粉是用新鲜蛋壳烘干后制成的粉。用鲜蛋壳制粉时应注意消毒,以防蛋白质的腐败,甚至带来传染病。

骨粉是我国配合饲料中最常用的磷源饲料之一,可补充饲粮或日粮中钙、磷。通常骨粉含钙 30%～32%,含磷 10%～13%。品质低劣的骨粉有异臭,灰泥色,常携带大量致病细菌。有的兽骨收购场地,为避免蛆蝇繁殖而喷洒敌敌畏等药剂,而致骨粉带毒,更不能使用。因此,在家兔日粮中应谨慎选择优质骨粉使用,一般在饲料中的用量为 1%～3%。

磷酸氢钙也称为磷酸二钙,饲料用磷酸氢钙,我国标准规定含磷 16.5% 以上,含钙 21% 以上。饲用前应经脱氟处理,使其含氟量不得超过 0.18%。脱氟后的磷酸氢钙也称脱氟磷酸氢钙。

食盐的成分是氯化钠($NaCl$),植物性饲料中含钠和氯都很少,故以食盐形式补充。食盐中含氯 60%,含钠 40%。应注意饲用食盐的品质,如是否含杂质或其他污染物。饲用食盐的粒度应通过 30 目筛,含水量不超过 0.5%,纯度应在 95% 以上。

(2)微量矿物元素饲料　目前,饲料工业中作为微量元素补充物的微量元素有铁、铜、锰、锌、硒、碘、钴 7 种。钴通常以维生素 B_{12} 形式满足需要。由于在日粮中的添加量很少,微量元素几乎都是用纯度高的化工产品为原料,常用的主要是各元素的无机盐或有机盐类以及氧化物、氯化物(微量元素饲料通常被称为微量元素添加剂)。

19. 常用的饲料添加剂有哪些？

饲料添加剂指饲料中添加的少量成分，它在配合饲料中起着完善饲料营养全价性、改善饲料品质、提高饲料利用率、刺激家兔生长、预防家兔疾病，减少饲料在贮存期营养物质损失与变质，从而达到提高产品品质和生产性能、节约饲料和增进经济效益的目的。饲料添加剂虽然用量很少，却是家兔生产中必不可缺的重要成分，使用得当，可以较大幅度地提高家兔的生产性能。所以，饲料添加剂的研制与应用已经成为养兔业引人注目的领域。常用的饲料添加剂大致可分为两类，一类是营养性添加剂，另一类是非营养性添加剂。

营养性添加剂指添加到饲料中的微量营养成分，如氨基酸、维生素、微量元素等，它们都是常规饲料中所含有的营养成分，但有时由于在配合饲料中含量不足而额外添加的成分。

非营养性添加剂是指添加到饲料中的非营养性物质，种类很多，作用是提高饲料利用率，促进动物生长，提高免疫力和抗病力，改善动物产品品质。具体种类包括：

非营养性添加剂
- 生长促进剂：抗生素、铜制剂、砷制剂、酶制剂、活菌制剂
- 驱虫保健剂：驱虫型抗生素、抗球虫剂
- 饲料品质改良剂：着色剂、调味剂、黏结剂
- 饲料保存剂：防霉剂、抗氧化剂
- 其他添加剂：有机酸、中草药、益生素

20. 什么是绿色饲料添加剂?

绿色饲料添加剂是指添加于饲料中能够提高畜禽对饲料的适口性、利用率,抑制胃肠道有害菌感染,增强机体的抗病力和免疫力;无论使用时间长短,都不会产生毒副作用和有害物质在畜禽体内和产品内残留;能提高畜禽产品的质量和品质,对消费者的健康有益无害,对环境无污染的饲料添加剂。

广义地讲,绿色饲料添加剂包括三层意思:一是对畜禽无毒害作用;二是在畜禽产品中无残留,对人类健康无危害作用;三是畜禽排泄物对环境无污染作用。

21. 目前主要的绿色饲料添加剂有哪些种类?

目前绿色饲料添加剂主要有中草药制剂、微生态制剂、化学益生素、酶制剂、纳米原料等。

(1)中草药制剂 是天然绿色植物,兼有营养和药物两种属性。具有健脾理气、促进消化吸收、增强新陈代谢、清热解毒、燥湿散寒;抑菌、杀菌、驱虫、除积、增强机体免疫等功能,使动物生长加快、饲料利用效率提高。我国自20世纪80年代末开始研究开发中草药添加剂产品,取得了一定进展,并广泛应用于畜牧生产,已有200余种中草药用作畜禽添加剂。

中草药制剂在提高动物抗病力的同时,也提高了生产水平。但由于受原料品质、提取方法等因素的影响,其效果有很大的不稳定性,而且由于大多数中草药原料来源有限、价格昂贵、剂型受限等,限制了中草药在饲料中的大量使用。研制来源丰富、价廉效高的中草药制剂是我们面临的长期任务。中草药作为绿色添加剂,无毒副作用、无药残,具有极广泛的推广应用价值。

(2)微生态制剂　也叫活菌制剂或益生素,是最早研究出来的天然促生长添加剂。它是动物有益菌经工业化厌氧发酵生产出的菌剂,这种菌剂加入饲料中,在动物消化道内生长,形成优势的有益菌群,可提高动物健康水平,促进生长,减少药物的使用。它的原理是将外源有益菌接种后繁殖,使肠道达到最佳微生态平衡。常用的活性微生物主要是乳酸菌、粪链球菌、芽孢属杆菌、酵母及其培养物。

(3)化学益生素　20世纪90年代中后期,抗生素替代品的研究日益受到重视,研究较多的是寡聚糖类。寡聚糖是指少量单糖通过几种糖苷键连接而成的碳水化合物,这类物质多属短链带分支的糖类物质,被称为化学益生素。作为一种新型添加剂,其在食品中已广泛使用,在饲料中的应用研究也取得了很大进展。寡聚糖的基本功能是促进动物胃肠有益菌增殖,提高动物健康水平的微生态调节功能。

(4)酶制剂　是微生物体内合成的高效生物活性物质,即用细菌或真菌发酵生产的酶。它包括消化酶和非消化酶两大类,主要通过降解饲料中各营养组分的分子链或改变动物消化道内酶系组成,促进消化吸收,从而大幅度提高饲料效率,降低饲料成本,促进动物健康生长。饲料所含的许多营养物质是借助动物消化道内所分泌的各种消化酶水解成简单组分物质,从而被机体吸收利用的。这些酶均属水解酶类,包括蛋白酶、淀粉酶、脂肪酶等。

酶制剂为生物活性物质,对外界条件要求严格,一般最适温度为35℃～40℃,高温、高湿会使酶失活或活性降低。在使用选择酶制剂时应与饲粮类型、家兔消化生理特点及饲养环境对应。同时还要注意激活剂(胃酸、铜、锰、锌、镁)和抑制剂(银等)对饲用酶制剂活性的影响,以达到最佳效果。此外,如与益生素等配合使用,效果更佳。

(5)纳米原料　纳米技术是20世纪80年代末、90年代初发展起来的前沿、交叉性新兴学科，被公认为 21 世纪最具有前瞻性的科研领域。纳米微量元素可直接渗透进入动物体内，因此其吸收利用率大大高于普通无机微量元素。研究表明，无机微量元素的利用率为 30% 左右，而纳米微量元素的利用率可接近 100%。如碳酸钙粉碎至纳米级，钙的吸收利用率可大大提高。目前研究较多的是纳米硒，常以亚硒酸钠作为硒生物性质标准参考物。结果表明，纳米硒在吸收利用程度上与亚硒酸钠接近，但对超氧负离子和过氧化氢具有明显清除作用，具有明显的免疫调节功能。

22. 自己配料好还是购买商品饲料好？

中小型兔场具有资金少，技术相对落后，综合开发能力低等缺点，所以他们的利润空间相对较少。因此，降低成本是提高中小型兔场经济效益的有效方法。而饲料成本在养殖业中所占的比重达到 70% 以上，要想获得更高的经济效益，如何降低饲养成本是关键。

对于新建兔场来说，前期引种、建场等方面资金投入较多，饲养技术欠成熟，特别是原料比例很难科学搭配，某些微量元素很难搅拌均匀；加之原料采购量较小，采购原料无价格优势等方面的影响，自配饲料没有优势，建议以购买商品饲料为宜，但是必须搭配足够的青、粗饲料，保证家兔健康成长。

对于有条件的成熟兔场来说，从降低饲料成本的角度出发，充分利用本地资源，自配饲料是可行的。家兔是草食动物，日粮以青粗饲料为主，精饲料为辅，青粗饲料采食量可占其体重的 10%～30%，占全部日粮的 70%～80%，补喂精饲料占其体重的 3%～5%，占全部日粮的 20%～30%。中小型兔场可以充分利用本地牧草资源，或利用一些农副产品像花生秧、花生壳、甘薯藤等，也可以收割一些无毒的野草作为兔的饲料，这样可以大大降低饲料成本,保障兔场取得较高的经济效益。

自配兔料,降低成本必须把握 3 个原则性问题:一是自身对动物营养与饲养学知识熟练掌握;二是饲料原料的品质必须具备安全性,且数量充裕,采购运输方便;三是机械设备必须符合正常加工生产饲料的要求。

23. 饲料配合时不同原料的大体比例是多少?

一般家兔的饲粮中各种饲料原料的大致比例为:优质粗饲料(干草粉、糟、秧、秸、蔓类等)35%~45%;谷物子实类能量饲料(玉米等谷类)25%~35%;植物性蛋白质原料(如饼类)5%~20%;动物性蛋白质原料(如鱼粉等)1%~3%;钙、磷类(如骨粉、贝壳粉、石粉等)1%~3%;微量元素、维生素添加剂 0.5%~1%;食盐 0.3%~0.5%。

一般初配饲料时,配方中不考虑矿物质饲料,所以各种原料总和应小于 100%,以便留出最后添加钙、磷等矿物质、食盐、维生素、微量元素和氨基酸等添加剂所需要的空间;能量、蛋白质等饲料原料一般占总比例的 98%~99%。

24. 怎样使用计算机法设计饲料配方?

利用线性规划原理,在规定多种条件的基础上选出最低成本饲料配方,它主要是根据所用原料的品种和营养成分,以饲养标准中规定的各种营养物质的需要量及饲料原料的市场供应情况、市场价格变动情况为主要条件,将有关资料数据输入计算机,并提出约束条件:如饲料配比、营养标准、价格等,依据线性规划原理计算出能满足要求而价格最低的饲料配方。

用计算机设计饲料配方的优点是速度快,计算准确,但其所做配方很难考虑饲料的适口性、容积、有毒有害物、抗营养因子的含量,因此需要有专业技术人员进行操作和调整才能得到合适的配方。

25. 怎样用试差法设计饲料配方?

试差法又叫凑数法,这是设计配方最常用,应用范围最广泛的方法,简明易学,适宜于多种饲料原料以及多种营养指标(包括成本等),但计算繁琐费时,也带有一定的盲目性。

计算的基本步骤,先确定饲养标准及饲料成本,再根据本地饲料来源和价格等,结合本场经验或参考其他配方,将各种原料试定一个大致的比例,即初配配方。然后计算每种营养成分、成本价格,与饲养标准相对比,若不够或多余时,进行调整,修改平衡,反复计算,直到接近或达到目标为止。因此,涉及的饲料种类越多,规定的营养指标越多,计算的工作量也越大。

26. 青绿饲料怎样喂兔?

青饲料是一种营养价值相对均衡的饲料,它幼嫩多汁,适口性好,消化率高,不仅可大大降低饲料成本,还可为家兔提供较全面的营养物质。但由于天然的青绿饲料含水分较高,营养浓度低,属大容积饲料,限制了其充分发挥潜在的营养优势作用。

家兔生长和繁殖等不同的生理阶段,需要全价的营养,比如,一般能量要求在 $10\sim12$ 兆焦/千克,蛋白质在 $15\%\sim18\%$,而任何青饲料都是很难满足的。如果仅以青饲料喂兔,会造成营养的严重缺乏,降低家兔的生产性能,甚至造成代谢性疾病。

在实际生产中,我们必须根据家兔的年龄、生理状态及品种调整青饲料的用量。由于妊娠母兔消化道的容积有限,饲喂时应适当减少青饲料的用量,而对空怀母兔等没有生产任务的成年兔则可适当增加喂量,使用的青绿饲料要优质。对于后备种兔,也可以青饲料为主,或饲喂大量的青饲料。大型肉兔耐粗饲能力较强,而獭兔和毛兔的耐受力较差,它们之间应区别对待,特别是生长期的獭兔,如果饲喂青饲料过多,会严重影响被毛密度,降低皮毛质量。合理利用青饲料,需注意以下几个原则:

(1)勤添少喂 青饲料水分含量高,柔嫩多汁,兔喜欢采食,如果采食过量,会引起兔腹泻。另外,如果一次添加过多,兔吃不完会将饲料拉入笼内而造成污染,易诱发家兔消化道疾病。

(2)搭配饲喂 由于新鲜的青饲料水分含量太高,如果单纯作为日粮,则不能满足兔的能量需要,所以在饲喂时要和能量、蛋白质含量较高的饲料搭配使用。据养兔生产实践证明,采用配合饲料搭配适量青(粗)饲料喂兔,经济效益最好。

(3)适宜鲜喂 除少数含有毒素的青饲料外,绝大部分青饲料均要鲜喂,不要煮熟喂。鲜喂可以避免维生素遭到破坏,同时可以避免因调制不当而造成的亚硝酸盐中毒现象。

(4)不可取消饮水 必须保证家兔随时可以喝到清洁的饮水。

27. 粗饲料怎样喂兔?

粗饲料含粗纤维较高,由于家兔属草食动物,对粗纤维有较强的消化能力和利用率,而且粗饲料来源广泛,价格低廉,成为家兔日粮中最重要的构成部分。合理利用各种粗饲料,不但能挖掘饲料潜力,还能有效扩大养兔生产,让丰富的牧草资源变成农民发家致富的宝贵财富。

粗饲料主要包括各种青干草、作物秸秆、树叶和幼嫩枝条、谷物的皮糠以及食品加工业的糟渣等副产品。

家兔喜食各类树叶嫩枝,如槐树叶、榆树叶、杨树叶、桑树叶、柳树叶、苹果叶、梨叶、杏叶、枸杞叶、榕树叶、榛树叶、柞树叶、椴树叶以及疏花疏果的嫩树枝叶等。但用树叶喂兔,最好不用鲜叶,以防水分过多采食过量导致腹泻,应晒干或晒至半干后再喂,鲜喂需控制用量。为了不影响树的生长,也可收集霜刚打下来的落叶,将其阴干保持暗绿色或淡绿色饲喂,不要暴晒,以防胡萝卜素、叶绿素损失。

家兔最喜食花生秧、豆荚等农副产品,但用玉米秸、豆秸时,最好经过粉碎,并加入食盐调制后饲喂。家兔也很喜欢采食甘薯秧,但喂幼兔时,甘薯秧用量不可过多,因为甘薯秧含有较多的糖分,在家兔胃肠道内发酵产酸,既容易导致酸中毒,又会使幼兔肠壁变薄、通透性增强,容易被微生物感染。

28. 能量饲料怎样加工?

能量饲料的营养价值和消化率通常都比较高,但因为子实类饲料的种皮、硬壳及内部淀粉粒的结构均影响着营养成分的消化吸收和利用。所以,这类饲料在饲喂前必须经过加工调制,以便能够充分发挥其作用。

(1)粉碎 这是最容易、最常用的一种加工方法。经粉碎后的子实便于家兔咀嚼,增加了饲料与消化液的接触面积,使消化作用进行得比较完全,从而提高了饲料的消化率和利用率。

(2)浸泡 将饲料置于池中或缸中,按1∶1～1.5的比例加入水进行浸泡。谷类、豆类、油饼类的饲料经过浸泡后变得膨胀柔软,便于家兔消化。某些饲料经过浸泡能够减轻一些毒性和异味,从而提高了适口性。但是,浸泡的时间应控制好,浸泡时间过长,会造成营养成分的丧失,适口性也随之下降,有的能量饲料甚至还会因为浸泡过久而变质。

(3)蒸煮 马铃薯、豆类等能量饲料不能生喂,必须经过蒸煮。

同时,蒸煮还能够提高其适口性和消化率,但蒸煮时间通常不能超过 20 分钟。

(4)发芽 谷物籽粒发芽后,可使一部分蛋白质分解成氨基酸。同时,糖分、胡萝卜素、维生素 E、维生素 C 及 B 族维生素的含量也大大增加。此法主要是在缺少青绿饲料的冬春季节使用。

(5)制粒 家兔具备啃咬坚硬食物的嗜好,这种嗜好能够刺激家兔消化道消化液的分泌,增进家兔消化道的蠕动,从而提高家兔对饲料的消化吸收率。将配合饲料制成颗粒,能够使淀粉熟化;能够使大豆、豆饼及谷物饲料中的抗营养因子发生变化,减少其对家兔的损害;能够维持饲料的均质性。因此,制粒可显著提高配合饲料的适口性和消化率。

29. 蛋白质饲料怎样加工?

家兔常用的蛋白质饲料主要包括植物性蛋白质饲料(如各种豆类子实、各种饼、粕类饲料等)、动物性蛋白质饲料(如鱼粉、肉骨粉、血粉、羽毛粉等)。

(1)植物性蛋白质饲料 豆科子实主要包括大豆、秣食豆、黑豆、豌豆等。生大豆中含有一些抗营养因子,如抗胰蛋白酶因子、皂素、致甲状腺肿物质、血凝集素及脲酶等,影响其适口性和消化率,量多时对兔体有较大不良影响,因此生大豆不能直接饲喂家兔。这些抗营养因子可通过加热方法除去,大豆在膨化、炒熟或煮熟时,高温可破坏抗胰蛋白酶。所以,大豆应熟化后饲喂。

脱油或生产饼粕类饲料的工艺有 3 种,一是压榨法,二是浸提法,三是预压浸提法。经压榨法脱油后的产品,呈饼状,称为油饼。其生产工艺为:

原料精选—脱壳—粉碎—压片—预热—压榨脱油

经浸提法脱油后的产品呈片状,称为粕。其生产工艺中的前处理部分与压榨法相同,但脱油时是采用有机溶剂处理。预压浸提法是将上述两种方法结合在一起的一种生产工艺。

生大豆饼、粕含有毒素,如胰蛋白酶抑制因子、血凝集素、皂角苷、尿素酶等,饲喂前须经过充分的加热脱毒处理,否则会大大降低蛋白质利用率。棉仁饼、粕中由于加工处理不当时常含有毒素——游离棉酚。游离棉酚对动物具有毒性,中毒动物表现为生长受阻、贫血、呼吸困难、繁殖性能降低等。棉仁饼、粕的脱毒方法如下。①按硫酸亚铁与游离棉酚 5∶1 的重量比,用 0.1%~0.2%的硫酸亚铁水溶液加入棉籽饼中浸泡,搅拌几次,经过 1 昼夜即可饲用。②先按硫酸亚铁与游离棉酚 5∶1 的重量比在棉籽饼中加入硫酸亚铁粉末,并混匀。然后加入新配制的 0.5%石灰水上清液,按饼水重量比 1∶5~7 的比例浸泡 2~4 小时,取出即可。③将粉碎的棉饼在清水中浸泡 1 小时,然后下锅压紧,盖严后蒸煮。煮沸后 1~1.5 小时,待不烫手后捞出即可。

花生仁饼、粕在贮存过程中,极易染上黄曲霉菌,产生黄曲霉毒素,对家兔有较强的毒性。花生饼、粕感染黄曲霉菌后难以除去,故在贮存和使用时应注意有无发霉变质,如有,应禁止使用。花生仁饼、粕中还含有抑制胰蛋白酶因子,在加工制作花生饼、粕时,如用 120℃的温度加热,可破坏其中的抑制胰蛋白酶因子,提高蛋白质和氨基酸的利用率。

菜籽饼、粕是菜籽脱油后的产品,油菜子实中含有硫葡萄糖苷类化合物(芥子碱、单宁等)。该类化合物无毒,但在其本身存在的芥子酶的作用下可水解成异硫氰酸盐、噁唑烷硫酮等,侵害动物的甲状腺,致使甲状腺肿大,影响动物的生长与繁殖。因此,菜籽饼、粕需脱毒处理后使用,常用方法有坑埋法、氨碱处理法、水洗法。

亚麻籽饼、粕,又名胡麻饼、粕,是用油用亚麻的子实脱油后生产而成。亚麻籽中含有亚麻苷配糖体及亚麻酶,二者作用可生成氢氰酸,氢氰酸对家兔具有毒性,少量存在可在体内因糖的参与自行解毒,过量引起中毒,使生长受阻,生产力下降。因此,饲喂前必须经过充分的加热处理后方可使用,但需限量使用,一般控制在6%以下。

（2）动物性蛋白质饲料　鱼粉由鲱鱼、鳕鱼、沙丁鱼及鲥鱼等全鱼加工而成,其加工工艺主要是高温高压蒸煮,脱去鱼油及部分水分后的产品。

肉骨粉是用肉类加工厂的动物骨骼、内脏和不能食用的胴体等经蒸煮、干燥、粉碎后制成,含磷量在 4.4％ 以下的为肉粉,在 4.4％ 以上的为肉骨粉。血粉是畜禽被屠宰后所得鲜血,经干燥而制成,血粉为红褐色直至黑色。滚筒干燥的血粉呈沥青状黑里透红,喷雾干燥的血粉为亮红色小珠,蒸煮干燥为红褐色至黑色,随着干燥温度的增加而加深色泽。血粉有特殊的气味,呈粉末状,滚筒干燥的血粉为细粉状,蒸煮干燥的血粉为小圆粒或细粉状。血粉蛋白质与氨基酸的利用率受血粉加工工艺的影响,一般干燥方法所获血粉的消化率很低,而喷雾干燥血粉的氨基酸消化率较高,可达 90％。羽毛粉是由屠宰家禽后清洁而未腐败的羽毛经蒸汽高压水解后的产品。除蒸汽高温高压水解法外,还有化学法、生物法与复合处理法,这些方法均可明显提高羽毛粉的消化率。

30. 为什么要推广颗粒饲料?

颗粒饲料是将饲料配方中的各种原料粉碎,混合均匀后,采用一定的生产工艺,经加压处理而制成的饲料。这种饲料具有密度大,体积小,适口性好,养分分布均匀,避免家兔挑食,饲料报酬高等特点。家兔属于啮齿类动物,具有啃咬硬性磨牙的习性。家兔的第一对门齿是恒齿,终生不脱换,而且不断生长,为保持上下门齿的正常咬合,家兔必须借助采食和啃咬硬物,不断磨损。过去有经验的家兔饲养者,常向兔笼中投放硬棒,以满足家兔的啃咬习性。因此,给家兔饲喂颗粒饲料,符合家兔的生活习性,可防止其啃咬笼具,并可降低下颌疾病发病率。此外,用颗粒饲料喂兔还具有以下优点:

(1)消化利用率高 家兔吃颗粒料,咀嚼的时间长,可刺激消化液分泌和肠道活动,提高饲料中营养物质的消化率;另外颗粒料在压制过程中,短时间的高温使豆类及谷物中的一些妨碍营养消化利用的活性物质,如抗胰蛋白酶因子等钝化,可提高饲料的消化率。

(2)减少疾病 颗粒料在压制过程中,产生的高温达70℃～100℃,可杀死一部分寄生虫卵和其他病原微生物;颗粒饲料一般相对稳定,可避免由于饲料更替频繁所导致的家兔消化功能紊乱,克服了水拌粉料剩料夏季发霉,冬季冰冻现象。实践证明,喂颗粒料家兔的腹泻病、口腔炎和异嗜癖明显减少。

(3)减少饲料浪费 颗粒料含水分少,可减少饲料在贮存过程中因吸潮霉变所造成的浪费,更重要的是减少家兔因挑食或扒食等所造成的浪费。据测定,喂颗粒料较喂粉料可节省饲料15%。

(4)提高工作效率 颗粒饲料投喂方便,配合自动饮水器,可实现半自动化作业。如颗粒饲料一次加料可供家兔采食1～3天,甚至长达7天之久。一个饲养员可管理种兔几百只,育肥兔数千只。

31. 压制颗粒饲料应注意什么?

家兔主要采食颗粒饲料,往往拒食粉状饲料,细粉对家兔呼吸道会产生不利影响。因此,近年来许多兔场已逐渐采用颗粒饲料饲喂家兔。在制作优质颗粒饲料时,设计科学的饲料配方和严格选择原料,同时抓好混合等一系列工序是颗粒饲料加工的重要环节,是其质量保证的主要措施。

(1)原料选择 依据科学实用的饲料配方,一般要求原料的含水量不超过安全贮藏范围,杂质不超过2%,无发霉变质,重金属含量在允许范围内,并加强感官指标的检查。

(2)原料粉碎 粉碎后可扩大表面积,易被家兔消化吸收。玉米、大麦、豆饼、粗饲料均需粉碎后混合。同批饲料原料宜采用孔径相同的筛板粉碎,使原料混合均匀。

(3)混合 ①首先将微量添加原料制成预混料(或直接购买含有维生素、微量元素、预防性药物添加剂的复合预混料);②严格控制混合时间:一般卧式螺旋混合机每批混合2～6分钟,立式混合机则需混合15～20分钟;③适宜的装料量:配合料以装至混合机容量的60%～80%为宜;④混合时合理的加料顺序:配比量大的组分先加,量少的后加;比重小的先加,比重大的后加;⑤选择合适的混料方式:目前我国不少地区,采用小型颗粒机生产,不用混料配套设备,多用手工混料。首先将添加剂加适量细料粉混匀,再加再混,加至2～5千克,成预混物(若自行配制添加剂,应将颗粒状的先粉成细粉,再参与预混)。然后将草粉平铺于混料场,再一层层撒入精饲料,最后撒匀添加剂预混物,再用人工由前至后翻几个反复备用。

(4)颗粒压制 ①为保证颗粒有一定硬度和黏度,制作时需输入一定量蒸汽或水分,但不宜过多,以顺利成型,基本无粉为适宜(北方冬、春季节加3%水即可);②吹干:大型机组自行吹干,小型机加工后可晾晒或用风扇吹去部分水分,严格控制颗粒料含水量为北方低于14%,南方低于12.5%(食盐具有吸水作用,在颗粒料中,其用量以不超过0.5%为宜);③保证家兔颗粒料的直径以4～5毫米、长度以8～10毫米为宜;④保证颗粒结实完整,较光滑;⑤在颗粒料中还可加入1%防霉剂丙酸钙,0.01%～0.05%抗氧化剂丁基羟基甲苯(BHT)或丁基羟基茴香醚(BHA)。此外,装袋时颗粒温度比环境温度最多高 7℃～8℃。

32. 中小型兔场怎样计算饲料用量和进行饲料储备？

如果进行饲料储备,必须知道不同生理阶段每只兔每天或每年的采食量,年生产量或存栏量。

一般来说,就目前国内生产水平,一个中型家兔场,日采食量可按照如下计算:

(1)种公兔 每天平均饲料量150克,全年消耗饲料约55千克;种母兔空怀期130～150克,妊娠期150～200克,泌乳期平均350克。全年平均95千克。

(2)育肥兔 肉兔到达出栏体重2.5千克时消耗饲料9～10千克,獭兔达到同样体重需要消耗12～13千克。1个中型兔场,假设基础母兔200只,需要种公兔20只,后备公兔5只,年出栏商品獭兔5 000～6 000只,或出栏肉兔6 000～7 000只。照此计算,全年需要饲料量:

种公兔:25只×55千克=1 375千克

种母兔:200只×95千克=19 000千克

育肥兔:獭兔:5 000～6 000只×12.5千克=62 500～75 000千克

肉兔:6 000～7 000只×9.5千克=57 000～66 500千克

照此计算,1个200只基础母兔的獭兔场,年消耗饲料83 250～95 750千克,平均89 500千克;1个同样规模的肉兔场年消耗饲料77 350～86 850千克,平均82 100千克。同时,为了保险起见,备料再增加10%左右的余量。

如果自己制作颗粒饲料,根据配方各种饲料的比例关系进行分别备料。尤其是粗饲料,一定要提前备好。

33. 饲料储备应注意什么？

作为一个规模型兔场,尤其是自己生产饲料的兔场,必须有一定的饲料储备,以防止饲料供应衔接不上造成的损失。饲料储备应注意以下几个问题:

第一,饲料库。饲料不可露天存放,要有一定的饲料库。而库房不一定多么规范,但一定要坚固,可遮风挡雨,防日晒,防潮湿,防老鼠和鸟类进入。

第二,储备时间和数量。什么时间收购饲料？这是降低原料成本,保证原料质量的关键问题。一般来说,选择饲料原料收获季节之后,多数在秋、冬季节。不仅价格偏低,而且储存时温度适宜。对于粗饲料而言,最好一次购买,全年使用,起码不低于半年的用量。除非当地粗饲料资源丰富,全年均可供应的地区。而对于玉米和豆粕类饲料,一次购买数量可以满足 1～2 个月即可。因为一次购买过多占压大量资金,贮存期间也有一定的损耗;而对于麦麸和米糠之类的饲料,最好现用现购,一是这类饲料全年可以供应,二是它们容易吸潮和变质,尤其是米糠类饲料,含有较多的脂肪,容易氧化酸败。

第三,严格饲料原料的含水率。饲料原料购入之后存放在库房中,一般很难再进行晾晒。如果原料的含水率过高,很容易给微生物的繁殖提供条件而霉变。北方地区一般控制含水率在 14% 以内。南方地区最好控制在 12% 以内。

第四,原料的处理。粗饲料,尤其是作物秸秆类饲料,体积大,蓬松,占用空间大,难以贮存。因此,可以进行粉碎加工后装袋贮存。而玉米等籽粒,绝不可粉碎。

第五,贮存条件。温度对于饲料储存影响很大。温度在 15℃～50℃,随温度升高,呼吸作用增加,干物质消耗增加,水分增加,进一步发热。原料温度分布不均匀或原料与外界温差较大时导致水分在物料表面冷凝,水分过高,霉菌生长。因此,库房内的温度尽量控制在较低的范围;湿度对于饲料储存产生很大的影响。霉菌在空气相对湿度小于65%不容易生长,空气相对湿度大于70%会加速霉菌繁殖。因此要严格控制湿度;通风有利于去湿,饲料贮存时,码垛时要留有空隙,垛底部要离开地面,以利于通风。

此外,要防虫蛀、防止鸟类和老鼠污染饲料。

五、家兔繁殖技术

1. 为什么说家兔的繁殖力强？

目前，在家养的哺乳动物中，家兔的繁殖力最强。主要体现在以下几个方面：性成熟早（3～4个月）；妊娠期短（31天左右）；窝产仔数多（一般8只左右）；产后发情，可以连续繁殖，实现一年多胎（理论计算年可达到10～11胎）；一年四季均可繁殖。以中型兔为例，仔兔生后5～6月龄就可配种，妊娠期1个月，1年可繁殖2代。在集约化生产条件下，每只繁殖母兔可产8～9窝，每窝可成活6～7只，1年可育成50～60只仔兔。这是其他家畜不能相比的。

2. 一年安排几胎好？

家兔的繁殖力强，妊娠期1个月，产后又可立即配种，那么，理论计算1年可繁殖11胎。事实上，这是非常难以达到的。母兔年产胎数与家兔的品种、年龄、环境条件（特别是温度条件）、营养水平及保健措施有关。就目前我国多数地区而言，在保证健康、营养和环境温度等条件下，家兔的年繁殖胎数，肉用兔、皮用兔和兼用兔1年繁殖6～7胎，毛用兔年繁殖3～4胎为宜。一味追求年繁殖胎数而不顾其他具体情况，特别是母兔的营养状况，其结果，繁殖得越多，死亡得越多，最终不如适当控制繁殖的效果好。

3. 家兔何时性成熟和体成熟？

兔长到一定月龄,性器官发育成熟,公兔的睾丸和母兔卵巢分别能产生具有受精能力的精子和卵子,并表现出发情等性行为,母兔交配能受胎,称为兔的性成熟。

家兔达到性成熟的月龄因品种、性别、个体、营养水平、遗传因素等不同而有差异。一般小型兔3～4月龄,中型兔4～5月龄,大型兔5～6月龄达到性成熟。

一般母兔性成熟要早于公兔,通常早0.5～1个月。因此,家兔在初配时,要求公兔的初配月龄比母兔大。

达性成熟的家兔,身体其他组织器官还未完全发育和成熟,需要继续生长。各组织器官发育完全后即为体成熟。一般体成熟时间是性成熟的1.5～2倍。

4. 家兔初次配种有什么标准？

公、母兔达到性成熟后,虽然能生殖,但不宜配种和繁殖后代。因此时家兔身体各器官还处于发育阶段,如过早进行繁殖配种,不仅影响母兔本身生长发育,而且配种后受胎率低,产仔数少,仔兔初生重小,成活率低。但过晚配种也会影响公、母兔繁殖功能和终生繁殖能力。

初次配种受众多因素的制约,但在实际生产中,主要根据家兔品种月龄、体重和兔场性质确定。

(1)根据月龄确定 不同品种的家兔,初次配种月龄是不一样的。一般来说,成年体重5～6千克的大型品种,母兔初次配种一般是7～8月龄,公兔9～10月龄;成年体重在3.5～4.5千克的中型品种,母兔的初次配种最好在6月龄,公兔最好在8月龄;而成年体重在 2.5～3.5 千克的小型品种,母兔的初次配种以 5 月龄为宜,公兔以 7 月龄为宜。

(2)根据体重 一般商品兔生产,当母兔达到周岁体重的 70％时,即可配种;种兔生产可控制在达到母兔周岁体重的 75％左右进行初配。

(3)根据兔场性质确定

①商品兔场 可适当提早初配年龄,但不能过早。否则,对家兔本身发育和仔兔发育造成不利影响,引起品种退化。近年来,国外一些养兔发达国家提倡早配。一方面可以早配早选,多配多生,加强选择;另一方面可以缩短世代间隔,对提高商品性能和创造高产品系有利。实践证明,适当早配并不影响商品兔的质量和数量。但是,丰富的营养和良好的管理条件是早配的重要保证。由于我国多数兔场饲养管理水平没有跟上,因此不宜提倡早配。

②育种场 应适当推迟初配月龄,以保证种兔本身和后代的良好发育,提高种兔品质。但过分推迟初配月龄也不好,因为延迟初配,会使种兔发胖,引起胚胎的死亡,进而影响母兔一生的繁殖成绩。同时,过晚配种会增加饲养成本,减少繁殖利用年限,延长世代间隔,还会造成难配、性欲不强和产生恶癖。

5. 家兔排卵有什么特点?

哺乳动物的排卵类型有 3 种:一种是自发排卵,自动形成功能性黄体,如马、牛、羊、猪属于此类;另一种是自发排卵,交配后形成功能黄体,老鼠属于这种类型;第三种是刺激性排卵,家兔就属于此类型。也就是说,家兔在性成熟后,性功能衰退之前,卵巢内始终有处于发育不同阶段的卵泡,其中发育成熟的卵泡,必须经过交配刺激的诱导之后才能排出,一般排卵多在交配后 10～12 小时。若在发情期内未进行交配,母兔就不能排卵,其成熟的卵泡就会老化、衰退，经 10～16 天逐渐被卵巢自身组织吸收。但试验表明，母兔发情时不进行交配，而给母兔注射促排卵激素，如人绒毛膜促性腺激素等也可引起排卵。母兔排卵的这种特点就是刺激性排卵。

6. 怎样掌握母兔的发情规律？

家兔的发情是指母兔在达到性成熟以后，卵巢出现成熟卵泡，随着卵巢上卵泡的发育与成熟，家兔体内、体外出现一系列精神及生理上的变化。母兔的发情有它独特的特征，主要表现在其发情及发情周期不固定，但也有规律可循，了解了母兔的发情规律，就能有计划地确定配种时机，减少空怀率，获得较高的养殖效益。

如何掌握母兔的发情规律，笔者认为，主要从以下几方面考虑：

第一，观察母兔的精神及外阴部的颜色：母兔发情时，精神兴奋，食欲减退，用下颌摩擦食具，群养时爬跨其他母兔，并有隔笼观望现象；用手抚摸时，母兔表现温顺，展开身子，翘起尾巴；观察外阴，外阴部红肿、湿润，有黏液分泌。这些表现，说明母兔已经发情，是配种的大好时机，这是生产中经常采用的繁殖方法。

第二，掌握家兔的繁殖季节：一年四季中，春季气候温和，饲料丰富，母兔发情旺盛，配种受胎率高，产仔数多，是家兔配种繁殖的最好季节；夏季气候炎热，家兔食欲减退，体质瘦弱，性功能不强，发情率很低；秋季气候温和，饲料丰富、营养价值较高，公、母兔体质开始恢复，性欲渐趋旺盛，尤其是晚秋季节，母兔发情旺盛，配种受胎率较高；冬季气温较低，青绿饲料缺乏，光照时间短，营养水平下降，种兔体质瘦弱，母兔发情不正常。因此，春季和中秋以后是家兔发情集中，配种繁殖的大好季节。

第三，生产周期中，抓住几个关键阶段：①母兔产后 1～2 天普遍发情，以后由于泌乳量渐增及膘情下降，发情不明显，受胎率下降。②生产实践表明,母兔产后 8~14 天和 25 天以后这两个时间母兔发情率较高,对于膘情一般的母兔,产后 8~14 天配种,而膘情较差的母兔,可在分娩 25 天以后配种。③仔兔断奶后 3 天左右,母兔普遍发情,配种后受胎率较高。

然而,家兔发情是无季节性的,只要有良好的生活和营养环境,母兔就可以在任何季节发情、接受交配和妊娠产仔,1 年可产八九窝之多。

7. 怎样判断母兔的配种时间?

在生产中,掌握配种时机是提高繁殖力的关键。家兔的配种时机一般根据发情程度来掌握,而发情程度主要通过观察外阴部的颜色来判定。母兔发情时,外阴部的颜色发生改变,如果外阴部苍白、干燥,则表明没有发情,母兔没有配种要求;当外阴部红肿、湿润,则表示发情,并以老红色为最适宜,配种要求最强烈;如已经变为紫红色,则表示发情盛期已过,就是配种也难以受胎。因此,群众总结的经验有"粉红早,黑紫迟,大红正当时"的说法。这里所谓的"正当时",是指这一时间内,母兔的性欲最旺盛,易于接受交配,母兔配种后受胎率最高。

在 1 天中配种的时间可按兔的性活动规律而定,一般日出前后 1 小时,日落前 2 小时和日落后 1 小时,这段时间性活动最强,因此清晨和傍晚把兔放对配种成功率较高。

8. 怎样保证母兔正常发情?

母兔的发情受许多因素影响,给母兔创造良好的生活和环境条件是保证母兔正常发情的基础,考虑影响发情的众多因素,可以从以下 3 方面采取措施:

第一，科学饲养管理。控制种兔膘情和体重，保持良好的种用体况，是母兔正常发情的重要保障。要根据种兔的体质状况确定喂料数量和饲料的品质。既使之不能肥胖，又不能过于瘦弱。此外，保证良好的环境卫生条件。兔舍要通风、透光、干燥、卫生。种母兔笼大小适宜，应有一定的活动空间。每天光照时间应在14～16小时。

第二，创造适宜的气候、环境条件。良好的气候、环境，是家兔正常发情、繁殖的基础。在一年四季中，家兔自然繁殖的最佳季节是春、秋两季，温度、光照时间适宜，青绿饲料丰富，母兔发情率高，是配种、繁殖的大好季节。家兔生长繁殖的最适温度为15℃～25℃，夏季繁殖，采取降温措施，使环境温度控制在25℃以内，母兔有较高的发情率；冬季气温低，大部分地区青绿饲料缺乏，营养水平下降，种兔体质瘦弱，母兔发情不正常。但是，冬季如有较多的青绿饲料供应，人工补充光照并有良好的保温设备，使室温维持在18℃～20℃，母兔有较好的发情率和繁殖效果。良好的生活环境也是家兔正常发情的必需条件。家兔喜欢安静的生活环境，如果经常处于嘈杂的环境中，就会刺激兔的中枢神经，出现生理功能紊乱，腺体分泌功能失调，母兔出现发情不正常，甚至不发情。

第三，给予全价的营养供应。全年保持良好的营养条件，保证饲料的全价性，特别保证饲料中蛋白质、维生素 A、维生素 E 的充足，这是维持家兔健康，保证母兔正常发情的基础。如果饲料中蛋白质或维生素 A 不足，或者是由于母兔生殖系统疾病等都可能造成母兔不发情。

9. 使用雌激素诱导母兔发情好吗？

要说清这个问题，首先应弄清发情和受胎的机制。

在正常情况下，小母兔生长发育到一定时期，其性腺(卵巢)的卵泡开始发育,发育到一定程度,卵泡液里的雌激素含量达到一定数量,释放到血液中,刺激母兔阴道上皮增生,肿胀、分泌和红润,母兔出现发情表现。与此同时,当卵泡发育到最佳时期,释放到血液中的雌激素最多的时候,位于卵泡中的卵子已经发育成熟,母兔发情处于盛期(中期)。此时配种,刺激排卵,精子和卵子结合,母兔受胎。但是,如果不是自然发情,而是使用雌激素诱导母兔,尽管可以刺激母兔发情,但是卵泡没有发育,或发育没有成熟。尽管配了种,但没有卵泡破裂或成熟的卵子排出,就没有精子和卵子的结合和母兔的受胎。因此,使用雌激素诱导母兔发情,母兔空怀率增高,生产中慎用。

10. 人工监护交配怎样进行?

人工监护交配,即平时种公、母兔分别单笼饲养,当母兔发情需要配种时,按照配种计划将其放入一定的公兔笼内进行交配。人工监护交配应按以下程序进行:

第一,检查母兔发情程度,并决定其配种。

第二,按照选配计划,确定与配的公兔耳号和笼位。

第三,将发情母兔引荐给与配公兔,进行放对配种。在放对之前,应检查公兔和母兔外阴,如果不洁净,应进行擦洗和消毒。将公兔笼内的料槽和水盆等移出。如果踏板不平或间隙过大,先放入一块大小适中的木板或纤维板(不要太光滑),然后将母兔放入公兔笼。

第四,观察配种过程。当公、母兔配种成功,公兔发出"咕咕"的叫声,随之从母兔身上滑下,倒向一侧,宣告配种结束。

第五,抓住母兔,在其臀部拍击一下,使之阴道和子宫肌肉收缩,防止精液倒流。然后,将母兔放回原笼。

第六,做好配种记录。将所使用的公兔品种、耳号、配种日期记入母兔的繁殖卡片。

11. 怎样提高配种受胎率？

影响配种受胎率的因素很多，如饲料中长期缺乏维生素 E、维生素 A 及微量元素；种兔过于肥胖或太瘦；母兔患生殖系统疾病（如阴部炎、阴道炎、子宫炎、梅毒、卵巢功能失调等）或慢性消耗性疾病，公兔患睾丸炎、输精管炎或外生殖器官感染；公兔长期休闲或使用过度；种兔年龄老化；兔舍通风透光差，光照时间不足；长期用药或用药不当，预防接种等。

提高受胎率，可从以下几方面入手：

第一，加强选种工作。选用繁殖力强的公、母兔进行繁殖是提高家兔受胎率的重要措施之一。必须选择健康无病、性欲旺盛、生殖器官发育良好的公、母兔留作种用。产仔少、受胎率低、母性差、泌乳性能不好的母兔，绝对不能用。

第二，合理搭配饲料。种兔饲料要保持全价性，根据饲养标准合理配料。尤其是注重蛋白质的质量及维生素和微量元素的添加。

第三，科学喂料。控制种兔膘情和体重，保持良好的种用体况，是提高受胎率的重要保障。要根据种兔的体质状况确定喂料数量和饲料的品质。既使之不能肥胖，又不能过于瘦弱。生产中过肥而造成的不孕更为多见，应适当控制喂料数量。

第四，保证青饲料供应。小规模养兔，应以青饲料为主，精饲料为辅。这不仅充分利用了当地的饲草资源，节约了饲料费，而且青饲料含有丰富的营养，是维生素的重要来源，同时也可控制种兔膘情，对于促进种兔正常的性活动具有重要作用。俗话说，"四季不断青，胎胎不配空"。

第五，掌握配种"火候"，即适时配种。在母兔发情中期配种。

第六,保证良好的环境卫生条件。兔舍要通风、透光、干燥、卫生。种兔笼大小适宜,应有一定的活动空间。每天光照时间应在14~16小时。

第七,选优弃劣。对于患病种兔,种用价值不大的老、弱、残兔要及时淘汰,选择优秀青年兔作种用。

第八,复配和双重配。复配是1只母兔在1个发情期与同一只公兔交配2次或多次,一般间隔4~6小时。双重配是1只母兔在1个发情期同2只公兔交配,一般间隔10~15分钟以上,6小时以内。复配和双重配均可提高受胎率和产仔数,但后者仅限于商品兔生产。

第九,适当血配。对于产仔数较少、体况较好的母兔,实行血配,一般在产后12~24小时交配效果较好。但对于大型品种,或产仔数较多和膘情较差的母兔,血配受胎率不高,效果也不好,可采取半频密繁殖,即产后8~12天配种,仍有一定的受胎率。

第十,加强公兔的保护与利用。公兔精液品质是母兔是否受胎的关键。公兔睾丸对高温极其敏感,在高温季节应加强对公兔的保护,防高温刺激。公、母比例要合适,一般为1:6~10。公兔使用合理,既不过度,又不长期闲置。

12. 中小型兔场是否可以搞兔人工授精?

人工授精是一种比较先进、经济、科学的配种技术,它可有效提高优良种公兔的利用率。可减少公兔饲养量。人工授精的公、母兔比例可以达1:100或更多。这样可充分利用优秀种公兔,加快良种推广,降低饲养成本,控制因性器官的直接接触所感染的疾病,并可使家兔的繁殖同期化。

人工授精受制约因素很多,并且要求操作精细,技术性强,如果操作不当,受胎率仅有50%甚至更低,并且需要一定的设备和资金投入。对于技术力量雄厚,规模较大的兔场和养兔户比较集中的地区可以有组织地进行良种推广,而对于中小型兔场难以启用。

13. 人工授精为什么受胎率不高?

人工授精是用人为的方法获得公兔的精液,然后通过一定的手段输入母兔子宫内,使母兔妊娠的一项技术,它是家兔繁殖、改良最经济、最科学的一种方法。但对操作者素质及技术含量要求很高,如果操作不当,人工授精的受胎率仅有50%,甚至更低。人工授精受胎率低的原因与以下几大因素有关:

(1)精液品质 优良的精液有高的受胎率。如果公兔精液不良,采精、精液保存及稀释操作不当,导致细菌污染,或者保存温度不合适,就会降低精子活力,导致受胎率降低。

(2)输精时间掌握不当 一方面是说从采精到输精的时间要尽量短,应在2小时之内完成;另一方面是诱排到输精的时间,以同时进行或提前2小时诱排为宜。超过规定时间限度,就会降低母兔受胎率。

(3)发情状态 人工授精一般不要求母兔都处于发情中期,但是,发情中期受胎率最高,初期和末期次之,乏情期较低。

(4)输精次数 2次输精比1次输精受胎率和产仔数稍高,但差异不明显。从实际出发,以1~2次为佳,次数过多有导致生殖道感染的可能,反而影响受胎率。

(5)品种与生理状态 试验表明,中、小型品种兔受胎率高,大型品种兔受胎率低;膘情好受胎率高,瘦弱兔受胎率低;空怀期输精受胎率高,泌乳期受胎率低。

(6)诱排方法 给母兔诱排时,激素的使用次数和剂量要适度,否则会在母体内产生抗体而影响受胎率。试验表明,以促排卵

3号效果较佳,注射剂量以 0.5 微克较好(产品厂家不同,用量不一,详细看说明书或咨询厂家)。

(7)输精技术 人工授精技术理论很强,技术含量较高,如果操作不当,受胎率差异很大,从 30%～90% 不等。

上述每个环节都应做到无菌要求,用具严格消毒,而且环环相扣,操作准确。输精技术操作不当,就会影响受精率。

14. 人工授精操作技术如何进行?

在完成假阴道的安装、制作后,人工授精操作,主要包括采精、精液品质检查、精液稀释、诱导排卵和输精等几个技术环节。

(1)采精 包括器具的准备、台兔的选择、公兔的性准备和采精等几个步骤。

①器具的准备 将所有器具进行消毒。将内胎从外壳内孔穿过,两端分别用固定圈固定在外壳两端,先固定一端,再从另一端内胎和外壳中间灌入 45℃左右的灭菌温水,使水自然充满外壳内腔,然后固定内胎另一端;将集精杯安装在外壳一端内腔口处,使内腔液体自然增压,使另一端(集精杯对侧)呈"Y"形。

②台兔选择 可用自制木架式台兔、兔皮做台兔,但选用发情母兔最为理想。母兔最好处于发情期,健康无病,体重稍小些。

③公兔性准备 将台兔放入公兔笼,让公兔爬跨,反复几次将公兔从母兔背上推下,以促使公兔性高潮到来,副性腺分泌。

④采精 采精器内腔温度达 39℃～40℃ 时即可开始采精。采精员左手抓住母兔耳朵及颈皮,右手持采精器,伸到母兔腹下,使采精器入口紧贴母兔外阴下部,并根据公兔阴茎挺出的方向及高低,灵活调整采精器的位置。当公兔阴茎插入假阴道时即刻射精,并发出"咕咕"的叫声而滑下。此时收回采精器,使之竖起,使精液集中于集精杯中,并送到化验室进行精液的品质检查。

（2）精液品质检查 包活射精量、色泽、气味、酸碱度、密度、活力及畸形率等。射精量可直接从带有刻度的集精杯上读出，一般1毫升左右，但不同品种、个体、饲养条件和采精技术差别很大，可从0.2～3毫升不等；精液色泽可肉眼观察，应为乳白色或灰白色，浓浊而不透明，其他颜色如红、绿、黄、黑等均属不正常；精液的pH值可用精密pH试纸测定，正常值为7左右；精子活率是指具有直线运动的精子所占比例，可在显微镜下测得。如100％的精子呈直线运动，则记为1，50％的为直线运动，记为0.5等。用鲜精输精其活率应在0.6以上。观察精子密度，以密度在中等以上为佳，即在显微镜下观察精子与精子之间的间隙，凡小于1个精子，则记为密，等于1个精子记为中，大于1个精子记为稀。精子畸形率是指不正常精子占全部精子的百分比。畸形精子主要有双头、双尾、大头、小尾、无头、无尾、尾部卷曲等，可借助于显微镜观察。正常精液畸形率应低于20％。

（3）精液稀释 精液稀释可扩大精液量，增加输精只数，同时稀释液中某些成分还具有营养作用和保护作用。常用稀释液有以下几种：①0.9％生理盐水。②5％葡萄糖水。③鲜牛奶：加热至沸，维持15分钟，晾至室温后用4层纱布过滤。④11％蔗糖液。

为了抗菌抑菌，可在稀释液中加入抗生素。每100毫升加入青霉素、链霉素各10万单位。

对精液进行稀释时，要考虑两方面的因素，一是精子的活力与密度，二是要输精的只数。如果活力高，密度大，可加大稀释倍数；若活力低、密度小，就应低倍稀释。一般稀释5～15倍。

（4）诱导排卵和输精 由于兔是刺激性排卵动物，在输精之前必须诱导排卵。常用的方法如下：①用结扎输精管的公兔交配刺激。②耳静脉注射人绒毛膜促性腺激素50单位。③肌内注射黄体生成素，每只10～20单位。④促排卵3号或2号，每只肌内注射或静脉注射0.5微克(0.3～1微克)左右。

一般输精和诱排同时进行。每只兔输精1～2次,每次输入有效精子0.1亿～0.2亿个,稀释后的精液量0.2～1毫升。

输精操作:通常用倒提法和倒夹法。倒提法由两人操作。助手一手抓住母兔耳朵及颈皮,另一手抓住臀部皮肤,使之头部向下。输精员左手食指和中指夹住母兔尾根并往外翻,使之外阴充分暴露,右手持输精器,缓慢将输精器插入阴道深部7～8厘米处将精液输入。倒夹法由一人操作,输精员坐在一高低适中的矮凳上,使母兔头朝下轻轻夹在两腿之间,左手提起尾巴,右手持输精器输精。如果配备专用输精台,2人提兔,1～2人输精和注射激素,可提高效率。

注入精液后,手捏外阴,缓慢抽出输精器,最后,手掌在母兔臀部拍击一下,使之肌肉收缩,以防精液倒流。

15. 什么叫"复配"和"双重配"?

复配是1只母兔在1个发情期与同一只公兔交配2次或多次,一般间隔4～6小时。但国外改良式复配,间隔时间很短,即公兔交配结束之后并不将母兔取走,让该公兔连续交配2次。

双重配是1只母兔在1个发情期同2只公兔交配,一般间隔30分钟以上。

复配和双重配均可提高受胎率和产仔数,但后者因无法判断父亲血缘,只能用于商品兔生产。

16. 配种受胎率与配种时间有关系吗?

配种受胎率与配种时间有很大关系,具体表现在:

产后不同时间配种,母兔受胎率不同。家兔是诱发排卵动物,即家兔卵巢上的卵泡逐渐发育成熟,但不能自发进行排卵,必须通过一定的刺激如交配或注射促排卵的药物,才能诱发排卵。但是,家兔卵巢的活动具有一定的阶段性。在某一阶段,卵巢上成熟卵泡多,交配后,排卵也多,而且生殖系统及生理状态都能与卵子受精相适应,因而能够受胎产仔;在另一阶段,虽然卵巢也有成熟卵泡,但成熟卵泡数量少,不能维持妊娠,即使交配也不能受胎产仔。实践证明,产后1～2天配种受胎率较高,以后由于泌乳量渐增及膘情下降等,发情不明显,受胎率下降。尤其是在泌乳高峰期,出现不完全发情,配种受胎率较低。生产实践表明,母兔产后8～12天和25天以后这两个时间配种受胎率较高。因此,对于膘情一般的母兔,产后8～12天配种,使母兔泌乳高峰期(21天左右)和胎儿快速发育期(妊娠20天以后)时间错开。而对于膘情不太好的母兔,可在泌乳高峰之后,即分娩25天以后配种;仔兔断奶后一般3天左右,母兔普遍发情,配种后受胎率较高。

发情状态不同受胎率也不同。大量的实践证明,当家兔的阴道黏膜颜色为大红、肿胀,并接受交配时最容易受胎;农村养兔户根据实践总结出一条规律:"粉红早,黑紫迟,大红正当时"。就是说,当阴道黏膜颜色为粉红时配种太早,而要等到阴道黏膜颜色为黑紫时配种又太迟了,只有阴道黏膜颜色为大红时配种最合适,容易受胎。

此外,在一天中,配种时间不同,母兔受胎率也不一样。一般而言,日出前后1小时,日落前2小时,日落后1小时种兔性活动最强烈,配种后母兔受胎率较高。

上述情况说明,并不是任何时候配种都能受胎产仔,母兔受胎率与配种时间有很大关系。

17. 什么叫"一夜情"配种技术?

"一夜情"配种技术是指让发情的母兔与公兔在夜间配种,并让其相处一夜。具体操作是:检查母兔已发情,夜间10时之后将母兔放入预先安排的公兔笼中,让其自由交配,次日早晨喂料前将母兔捉回原笼,然后做好记录。

"一夜情"配种技术具有以下优点:一是节省时间。白天喂料时若发现母兔发情,做好标记,晚上将母兔与公兔放对,不用监护和护理,次日早晨喂料前捉回即可。捉1只母兔耗时1~2分钟;二是配种受胎率高。较普通的配种提高受胎率10%左右;三是产仔数多。一般较传统配种窝产仔数平均增加1.5只左右。据谷子林教授试验,在公兔和母兔健康情况下,"一夜情"配种受胎率在90%以上。

18. 为什么配种后要在母兔后躯拍击一下?

公、母兔交配时,公兔将精液射入母兔的阴道内,精子以每分钟2毫米的速度向子宫方向移动,可是大部分精子在未到达输卵管以前就死掉了,只有一小部分精子经过2~4小时后才能到达输卵管,并在输卵管内的壶腹—峡部连接处精卵相遇,发生受精作用。

公、母兔配种完毕后,管理人员在母兔后躯拍击一下,可促使母兔肌肉紧张,引起阴道和子宫肌肉收缩,有利于精子向子宫方向移动,减少途中损伤精子,防止精液倒流。

19. 怎样知道母兔妊娠了?

家兔配种后,如果各方面正常,精子与卵子顺利受精,受精卵顺利进入子宫,并完成附着过程,开始在子宫内发育。此时,家兔就应该是处于妊娠状态,即通常所说的家兔怀胎了。

家兔妊娠后,会出现一些变化,如变得比较安定,食欲增加,采食量增加,毛色变得光亮,当然并不是每一个家兔都有这些表现。

但这些并不能证明家兔已经妊娠,要准确地诊断母兔是否妊娠,通过摸胎才能知道。具体方法是:在配种后 8~10 天,早晨饲喂前,把母兔放在一平台上,左手抓住双耳及颈后皮肤,保定住母兔,让母兔头部朝向操作者,右手五指呈"八"字形伸到母兔腹下,在腹部中、后部触摸,通过五指的并拢,感觉母兔腹部内容物的状态,如感到有滑动的肉球样物,则为妊娠,否则为空怀。

初学者容易把粪球与胚胎相混淆。粪球表面硬而粗糙,无肉球样感觉,分散面大,位置不固定,并与直肠宿粪相接。妊娠期越长,二者区分越明显。胚胎 8~10 天似花生米大小,14~15 天如小红枣,18~20 天如小核桃,胎儿下垂至腹中部下侧,22~23 天可触到胎儿较硬的头骨。此后胎儿呈条形,位于整个腹腔。摸胎动作要稳,不可硬捏。

以前曾采用过试情法,即用公兔来试验母兔是否接受交配,如果接受交配,说明母兔处在发情阶段,没有受胎;如果拒配,则说明母兔受胎。这种方法不科学,因为妊娠的母兔,也有一定比例的母兔接受交配,而不孕的也不一定接受交配。

也有利用称重法来判断母兔是否受胎的,即通过对配种前后的母兔,在交配后一定时间进行称重,如果后期重量超过以前的重量判为受胎,否则为不受胎,这种方法也是不科学的。因为 10 天左右的胚胎还很小,大约 1~2 克,7~8 个胚胎加起来也不过 20 克左右,所以通过称重来判断受胎是很不准确的。

20. 为什么会出现假孕现象?

当母兔经交配后没有受精,或已经受精,但在附植前后胚胎死亡,就会出现假孕现象。它与真妊娠一样,卵巢形成黄体,分泌激素,抑制卵泡发育成熟,使子宫上皮细胞增生,子宫壁增厚,乳腺激活,乳房胀大,不发情,不接受交配等。在正常妊娠时,16 天后黄体得到胎盘的激素支持而继续存在,分泌孕酮,维持妊娠,抑制发情。但假孕后,由于没有胎盘,在16天左右黄体退化,于是假孕结束。此时,母兔表现出临产的一些行为,如叼草、拉毛营巢,乳腺可分泌一点乳汁等。假孕一般维持16~18天。结束后,配种受胎率很高。

假孕的原因是交配后排卵而没有受精,或受精后胚胎早期死亡。或患有子宫炎、阴道炎、公兔精液品质不良、配种后短期高温、营养过剩(尤其是能量)、大量用药和发霉饲料的中毒等。母兔发情后没有及时配种而造成母兔之间的互相爬跨,甚至人为对发情母兔的抚摸等,都可引起母兔的排卵。假孕在一些兔场并不少见,尤其是秋季为高。为减少假孕,应根据造成假孕的原因而采取相应的预防措施,特别是防止公兔夏季受到高温影响,配种时宜采用复配或双重配。

21. 化胎是怎样产生的?

化胎是指胚胎在子宫里早期死亡,逐渐被子宫吸收。母兔配种后8~10天摸胎,确诊已经妊娠,但时隔数日胚胎又摸不到,并一直未见母兔流产和产仔。

引起化胎的原因很多,一是由于精、卵本身的质量差,胎儿早期死亡;二是由于母体内环境不适胎儿发育,使胎儿发育早期终止;三是由于外界环境的作用。如近亲交配、饲料中长期缺乏维生素A、维生素E及微量元素等营养、母体过于肥胖或过于瘦弱、妊娠前期高温气候、公兔精液品质差、母兔生殖道慢性炎症、种兔年龄老化、饲料发霉、妊娠期服药过多等,均可导致胚胎的早期死亡,出现化胎现象。

22. 造成流产的主要原因是什么？

母兔妊娠中止，排出未足月的胎儿叫流产。母兔流产前一般不表现明显的征兆，或仅有一般性的精神和食欲的变化，常常是在兔笼中发现产出未足月的胎儿，或者仅见部分遗落的胎盘、死胎和血迹，其余的已被母兔吃掉。有的母兔在流产前可见到拉毛、衔草、做窝等产前征兆。

母兔流产的原因很多，比如机械损伤（摸胎、捕捉、挤压）、惊吓（噪声、动物闯入、陌生人接近、追赶等）、用药过量或长期用药、误用有缩宫作用的药物或激素、交配刺激（公母混养、强行配种以及用试情法做妊娠诊断）、疾病（患副伤寒、李氏杆菌病或腹泻、肠炎、便秘等）、遗传性流产（近亲交配、致死或半致死基因的重合）、营养不足（饲料供给量不足、膘情太差、长期缺乏维生素 A、维生素 E 及微量元素等）、中毒（如妊娠毒血症、霉饲料中毒、有机磷农药中毒、大量采食棉籽饼造成棉酚中毒、大量采食青贮饲料或醋糟等）。在生产中以机械性、精神性及中毒性流产最多。如果发现母兔流产，应及时查明原因并加以排除。有流产先兆的病兔可用药物进行保胎，常用的药物是黄体酮 15 毫克/只，肌内注射。对于流产的母兔应加强护理，为防止继发阴道炎和子宫炎而造成不孕，可投喂磺胺类或抗生素药物，局部可用 0.1% 高锰酸钾溶液冲洗。让母兔安静休息，补喂高营养饲料，待完全康复后再配种。

23. 造成死胎的主要原因是什么？

母兔产出死胎称死产，若胎儿在子宫内死亡，并未流出或产出，而且在子宫内无菌的环境里，水分等物质逐渐被吸收，最终钙化，形成木乃伊胎。

胎儿死亡的原因很多,总的来说分产前死亡(即妊娠中后期,特别是妊娠后期死亡)和产中死亡,而产后死亡是另一回事。产中死亡多为胎位不正、胎儿发育不良,或胎儿发育过大,产程过长,仔兔在产道内受到长时间挤压而窒息;产前死亡的原因比较复杂,如母兔营养不良,胎儿发育较差,母兔妊娠后期停食,体组织分解而引起酮血症,造成胎儿死亡;妊娠期间高温刺激,造成胎儿死亡,妊娠终止;饲喂有毒饲料或发霉变质饲料;近亲交配或致死、半致死基因重合;妊娠期患病、高热及大量服药;机械性造成胎儿损伤。此外,种兔年龄过大,死胎率增加;由于胎儿过大,产程延长而造成胎儿窒息死亡多发生于怀胎数少的母兔,以第一胎较多。公兔长期不用,所交配的母兔产仔数往往较少。为防止胎儿过度发育造成难产或死产,应限制怀仔数较少的妊娠母兔的营养水平和饲料供给量。若31天不产仔,应采取催产技术。其他原因造成的死产应有针对性地加以预防。

24. 母兔分娩前应注意什么?

母兔分娩时产程短,只需20~30分钟,应做好产前准备和人工监护工作。具体要求如下:

(1)做好清洗、消毒工作 妊娠母兔在产前5~6天,管理人员要把兔笼、产仔箱进行消毒,并用清水冲洗干净,以便消除药物异味,避免母兔乱抓或不安。再把产仔箱放入笼内,让兔熟悉环境,以便拉毛做窝。

(2)注意营养调配 在临产前3天,要根据母兔体况来调整营养。若母兔体况良好,应减少精饲料,多喂青饲料(原因是:若不减精饲料,母兔产后乳汁过多,仔兔吃不了,造成乳汁积累,易诱发乳房炎)。若母兔体况不良,精饲料不但不减,反而还要增加用量,使母兔体况尽快恢复。

（3）专人负责待产母兔　母兔产前1～2天，性喜安静多卧，不愿走动，食欲低下，临产时，腹部胀痛，拒绝采食，这时要有专人看管、负责，严防惊吓。

（4）做好保温工作　仔兔刚出生时，全身无毛，体温低于成兔体温，并且由于仔兔的体温调节系统较差，体温极不稳定，易受外界环境的影响，因此要注意保温。冬季要生火取暖，使室温在10℃以上为宜。

（5）保持环境安定　分娩前及分娩过程中，应保持环境安静，不得有任何骚扰，因为任何骚扰都会推迟分娩进程或造成难产，甚至死胎，也给后期管理工作带来不便。

（6）供足清洁饮水　母兔分娩后会感到异常口渴，需大量饮水，若供水不足，母兔会因为口渴而吞食仔兔。

（7）做好人工监护　母兔分娩时，应做好人工监护工作，防止出现仔兔被产到箱外、将仔兔冻死、卡在笼底板、漏到粪沟，甚至吞食仔兔等情况。

（8）做好助产、催产准备　母兔一般都会顺利分娩，不需助产。但若母兔妊娠期超过31天不产仔，或因种种原因造成产力不足，而不能顺利分娩，可人工催产或用激素催产。用人用缩宫素（垂体后叶素），肌内注射，3～4单位/只，过10分钟左右便可分娩。

25. 怎样进行诱导分娩？

诱导分娩是通过外力作用于母兔，诱导催产激素的释放和子宫及胎儿的运动，而顺利将胎儿娩出的过程。按程序分为以下四个步骤：

（1）拔毛　将妊娠母兔轻轻取出，置于干净而平坦的地面或操作台上，左手抓住母兔的耳朵及颈部皮肤，并使之翻转身体，腹部向上，右手拇指、食指和中指捏住乳头周围的毛，一小撮一小撮地拔掉。拔毛面积为每个乳头周围 12～13 厘米^2，即以乳头为圆心，以 2 厘米为半径画圆，拔掉圆内的毛即可。

（2）吮乳　选择产后 5～10 天的仔兔 1 窝，仔兔数 5 只以上（以 8 只左右为宜）。仔兔应发育正常，无疾病，6 小时之内没有吃奶。将这窝仔兔连同其产仔箱一起取出，把待催产并拔好毛的母兔放入巢箱内，轻轻保定母兔，防止其跑出或踏蹬仔兔。让仔兔吃奶 5 分钟，然后将母兔取出。

（3）按摩　用干净的毛巾在温水里浸泡，拧干后以右手拿毛巾伸到母兔腹下，轻轻按摩 0.5～1 分钟，同时手感母兔腹壁的变化。

（4）观察和护理　将母兔放入已经消毒和铺好垫草的产仔箱内，仔细观察母兔的表现。一般 6～12 分钟母兔即可分娩。母兔分娩的速度很快，母兔来不及认真护理其仔兔。因此，如果天气寒冷，可将仔兔口、鼻处的黏液清理掉，用干毛巾擦干其身上的羊水。分娩结束后，清理血液污染的垫草和被毛，换上干净的垫草，整理巢箱，将拔下来的被毛盖在仔兔身上，将产仔箱放在较温暖的地方。另外，给母兔备好饮水，将其放回原笼，让其安静休息。

26. 什么情况下需要人工催产？

一般情况下，母兔均能正常产仔，无须人为帮助。但如果母兔妊娠期超过 31 天不产仔；或因种种原因造成产力不足，迟迟不能产完仔兔；或母兔有食仔恶癖，需在人工监护下产仔；或寒冷的冬季为防夜间产仔而将仔兔冻死，需要调整到白天产仔等，需进行人工催产。

人工催产有两种方法：

（1）激素催产　人用缩宫素或垂体后叶素，肌内注射，每只兔 3～4 单位，约 10 分钟便可分娩。

激素催产用量要严格控制，当胎位不正和产道尚未开张时不宜盲目用激素催产。激素催产时间很短,应注意人工护理。

(2)诱导分娩　具体操作见 25. 怎样进行诱导分娩?

注意以下要点:诱导分娩是家兔分娩的辅助手段,在迫不得已时方可采用;诱导过程对母兔是一种较强的应激,而且第一次乳汁被其他仔兔吮吸;诱导分娩时仔兔的吮乳时间不应低于 3 分钟(有效吮乳时间),也不宜超过 5 分钟;按摩时不要用力过猛,以边按摩边上托以刺激子宫肌收缩和胎儿运动为目的。

27. 怎样提高母兔繁殖力?

提高母兔繁殖力,应科学配种,考虑以下众多因素:

(1)注意选种和合理配种　严格按选种要求选择符合种用的公、母兔,要防止近交,公、母兔要保持适当的比例。一般商品兔场和农户,公母比例为 1∶8～10,种兔场纯繁以 1∶5～6 为宜。在配种时要注意公兔的配种强度,合理安排公兔的配种次数。

(2)加强配种公、母兔的营养　从配种前 2 个月起到整个配种期,公、母兔都应加强营养,尤其是蛋白质、维生素和矿物质的供给要充足。维生素不足或被破坏将导致种兔性欲降低,使母兔妊娠中断、流产。矿物质缺乏会导致繁殖率降低,母兔发情不正常,流产、产死仔以及公兔睾丸变性、性欲降低等营养性疾病。

(3)适时配种　包括安排适时配种季节和配种时间。虽然母兔可以四季繁殖产仔,但盛夏气候炎热,多有"夏季不孕"现象发生,即公兔性欲降低,精液品质下降,母兔多数不愿接受交配,即使配上,产弱仔、死胎也较多。春、秋两季是繁殖的好季节,冬季仍可取得较好的效果,但须注意防寒保温。除安排好季节外,母兔发情期内还要选择最佳配种时期,即发情中期,阴部大红或者含水量多、特别湿润时配种。

(4)人工催情　在实际生产中遇到有些母兔长期不发情,拒绝交配而影响繁殖,除加强饲养管理外,还可采用激素、性诱等人工催情方法。激素催情可用雌二醇、孕马血清促性腺激素等诱导发情,促排卵素 3 号可促使母兔发情、排卵。性诱催情对长期不发情或拒绝配种的母兔,可采用关养或将母兔放入公兔笼内,让其追、爬跨后捉回母兔,经 2～3 次就能诱发母兔分泌性激素,促使其发情、排卵。

(5)采取复配和双重配种 重复配种是指第一次配种后,再用同一只公兔重配。重复配种可增加受精机会,提高受胎率和防止假孕,双重配种是指第一次配种后再用另一只公兔交配,双重配种只适宜于商品兔生产,不宜用于种兔生产,以防弄混血缘。双重配种可避免因公兔原因而引起的不孕,可明显提高受胎率和产仔数。在实施中须注意,要等第一只公兔气味消失后再与另一只公兔交配,否则,因母兔身上有其他公兔的气味而可能引起斗殴,不但不能顺利配种,还可能咬伤母兔。

(6)适当血配 母兔具有产后发情的特点,对于产仔数较少的育壮年母兔。如果体况较好,可在产仔后 24 小时以内(试验表明,在产后 12 小时配种效果最好)配种,受胎率和产仔数均较高。但是,对于膘情较差的母兔,产后配种受胎率没有保证,即使配种后受胎,胎儿发育不良,母兔体质衰退,两胎仔兔和母兔以后的繁殖都受到较大的影响。因此,血配不可滥用。

(7)创造良好环境 保持适当的光照强度和光照时间,做好保胎接产工作,妊娠期间不喂霉烂变质、冰冻和有毒饲料,防止惊扰,不让母兔受到惊吓,以免引起流产。

六、饲养管理

1. 家兔有哪些生活习性？饲养管理应注意什么？

家兔是起源于野生穴兔,虽然经历了长期的人类驯化但仍然保留了其祖先的许多特性。如适于逃跑的体型结构、穴居性、夜行性、适于食草的消化特点等。能否透彻认识家兔的生物学特性,并遵循其生物学特性进行饲养管理是养好家兔的关键。现将家兔的生活习性归纳如下:

(1)夜行性　是指家兔具有昼伏夜行的习性,这种习性是野生兔时期由自然选择形成的。野生兔体格弱小,缺乏一定的御敌能力,为了躲避天敌伤害,在活动时间上与猛兽、猛禽错开,经过长期进化选择,形成了昼伏夜行的习性。这种习性保留至今,在养兔场中,我们常常可以观察到,家兔夜间非常活跃,而白天却表现得十分安静,除喂食时间,常常闭目睡眠。同时,家兔在夜间采食频繁。据测定,家兔在晚上所采食的日粮和水占全部日粮和水的70%左右。根据家兔的这一习性,我们一方面应注意合理安排饲养日程,晚上喂给足够的夜草和饲料;另一方面,白天应尽量不要妨碍兔的休息。

(2)嗜眠性　嗜眠性是指家兔在一定条件下在白天很容易进入睡眠状态。在此状态的家兔除听觉外,其他刺激不易引起兴奋,如视觉消失,痛觉迟钝或消失。家兔的嗜眠性与其在野生状态下的夜行性有关。了解家兔的这一习性,对养兔生产实践具有指导意义。首先,在日常管理工作中,白天不要妨碍家兔的睡眠,应保持兔舍及其周围环境的安静;其次,可以进行人工催眠完成一些小型手术,如刺耳号、去势、投药、注射、创伤处理等,不必使用麻醉剂。人工催眠的方法是:把家兔翻转,背部向下放在 V 形架上或者其他适当的器具上,并加以简单保定。然后,顺毛方向抚摸其胸腹的同时,按摩头部的太阳穴部位,家兔很快进入完全的睡眠状态。此时进行短时间的手术是非常顺利的,甚至都不出现疼痛时的尖叫。如果手术中间,家兔苏醒,可以照上述方法再行催眠,一旦进入睡眠状态,继续进行手术。手术完毕,将家兔翻转呈正常站立肢势时,家兔立刻苏醒。利用家兔的这种嗜眠性进行手术,可免除因麻醉而引起的药物副作用,既经济又安全。兔进入睡眠状态的标志是:两眼半闭斜视;全身肌肉松弛,头后仰;出现均匀的深呼吸。兔属动物都有这种嗜眠性。

(3)胆小怕惊 在野生状态下,弱小的野生穴兔必须依靠高度灵敏和警觉的反应才能及时发现逼近的危害而逃脱。因此,野生穴兔耳长大,听觉灵敏,能转动并竖起来收集各方的声响,以便逃避敌害。在人工饲养条件下,这种胆小怕惊的习性仍然被保留了下来,突然的声响、生人或动物如猫、犬等都会使家兔惊恐不安,以致在笼中奔跑和乱撞,并以后足拍击笼底而发出响声。这种顿足声会使全兔舍或周围一部分兔同样惊慌起来。因此,在兔场建设时应远离噪声源,在饲养管理操作中,动作要尽量轻稳,以免发出声响使兔惊恐,同时要注意防止陌生人或其他动物进入兔舍。

(4)喜干厌湿 家兔抵抗力差极易患病,而干燥清洁的环境有利于兔体的健康,潮湿污秽的环境会导致寄生虫、病原微生物滋生引发家兔疾病,给养兔生产带来不可估量的损失。因此,在平时管理当中应当为家兔提供清洁干燥的生活环境,兔舍内最适空气相对湿度为 60%～65%,在进行兔场设计时应选择在地势高燥的场地建场,严禁在低洼处建设兔场。

(5)**群居性差** 家兔有一定的群居性,主要表现在幼龄阶段能够和睦共处,共同饲养。但成年家兔会表现出一定的争斗性尤其是在公兔之间咬斗现象非常严重。因此,管理上应特别注意成年公兔必须单笼饲养。而对于母兔一般比较温驯,为了充分利用笼舍在空怀期或妊娠前期可以一笼多只。

(6)**啮齿性** 家兔属啮齿动物,第一对门齿是恒齿,出生时就有,永不脱换,而且不断生长。为了保证上下齿的正常咬合,家兔必须借助啃咬硬物来磨损门齿,使其保持在正常的长度。在养兔生产中,一是要注意修建兔笼时应选择抗啃咬的材料,如水泥、砖石或金属笼等;二是在设计上要做到笼内平整,不留棱角,使兔无法啃咬,以延长兔笼的使用年限;三是要注意给兔提供磨牙的条件,如把配合饲料压制成具有一定硬度的颗粒饲料或在兔笼内投放一些树枝等。

(7)**穴居性** 穴居性是指家兔具有打洞穴居,并且在洞内产仔的本能行为。野兔为了防御猫、犬、鼬、鼠、蛇、鹰等侵害,主要利用打洞穴居的方式隐藏自身和繁殖后代,逐渐形成了兔的穴居习性。地下洞穴具有光线暗淡、环境安静和温度稳定等优点,母兔在洞穴内产仔,母性增强,成活率提高。因此,在现代养兔生产中应当利用这一特性,在母兔分娩时人工模拟洞穴条件设置合理的产仔箱,并置于安静的地方。另外,在饲养过程中还应当预防家兔的穴居性给养兔生产带来损失,避免家兔自由接触地面以防打洞逃逸。

2. 怎样根据家兔的生活习性合理安排作息时间?

家兔的活动规律继承于其祖先野生穴兔,表现为夜间活跃,白天较安静,除觅食时间外,常常在笼内闭目养神或休息。据测定,在自由采食的情况下,家兔在晚上的采食量和饮水量占全日量的

70%左右。根据家兔的这一生活习性,合理安排饲养管理日程是保证家兔既能摄取充足的营养又能得到良好休息的保证。在日常饲养管理当中应当尽量减少白天对家兔的干扰,饲喂时应当遵循"早餐要早,午餐要少,晚餐喂饱,添加夜草"的方式。

3. 定时定量好还是少喂勤添好?

定时定量和少喂勤添是两种不同的饲喂制度,前者能够起到防止过食和提高饲料报酬的目的,而后者主要是促进家兔的采食量。在实际生产当中应当根据家兔的生理状态灵活选择饲喂方式,如刚刚断奶的仔兔、休情期的种兔为了防止过食和肥胖,适宜采用定时定量的方式,而对于生长育肥兔,为了达到多吃快长的目的,适宜采用少喂勤添或自由采食的方式。

4. 每天喂 1 次是否可行?

家兔的饲喂次数应符合家兔的采食规律,家兔为频密采食动物,一般每次采食约 5 分钟,每天要采食 30~40 次,尤其是在午夜到天亮这段时间更是家兔采食的高峰期。另外家兔的采食次数还与家兔的年龄阶段有关,幼兔采食次数更多。根据这一习性,在家兔饲喂时应做到少喂勤添、不堆草堆料。以饲喂精饲料加青饲料为例:每天至少要饲喂 5 次,即 2 次精饲料和 3 次青饲料,2 次精饲料分上午 9~10 时和下午 4~5 时喂给,上午占总精饲料量的 2/5,下午占 3/5。3 次青饲料分别为上午 7~8 时、下午 2 时和晚上 9~10 时喂给,切不可为追求省工省时,把家兔的采食料一次性喂给,尤其是在夏季会导致饲料堆积酸败、变质,引发家兔消化道疾病。

为了提高工作效率,降低劳动投入,养兔发达国家对于育肥家兔采取自由采食的方式。在我国一些中小型兔场,如果饲料品质好,环境卫生好,湿度不大的情况下,也可以采取每天投料1次,采取自由采食的方式。但是,如果条件不具备,还是少量多次为宜。

5. 为什么强调自由饮水?

水是家兔机体的重要组成部分,是家兔对饲料中营养物质消化、吸收、转化、合成的媒介,缺水将影响代谢活动的正常进行。美国 P. R. cheeke 教授指出,假如完全不给水,成年兔只能活 4～8 天;供水充足而不给料,兔可活 21～30 天。

供水不足还会导致家兔多方面功能的紊乱,如兔喝尿,乱食杂物,引发消化道疾病,被毛枯干、变脆、弹性下降,公兔性欲降低、精液品质差等问题。饮水缺乏还会导致胃功能降低、诱发肠毒血症、母兔食仔等病状。

家兔的需水量较大,在饲喂颗粒饲料时,中小型兔每天每只需水 300～400 毫升,大型兔为 400～500 毫升。一般而言,家兔的每天需水量为采食干料量的 2～3 倍。因此,家兔饲养中理想的供水方法是采用自由饮水,以保证家兔对水的充足需要。

6. 为什么要保持饲喂时间相对稳定?

饲喂时间的稳定就是指家兔的饲喂和饮水时间固定化,通过这种形式能够使家兔养成良好的采食习惯,有规律地分泌消化液,从而能够实现饲料养分的良好消化与吸收。否则会打乱家兔的进食规律,导致消化功能紊乱,引起消化不良而发生胃肠疾病。因此在家兔饲养中一定要注意饲养管理制度固定化,一经确定饲喂时间不要随意更改。

7. 为什么强调饲养员要保持相对稳定？

家兔胆小怕惊,对外界环境的改变表现出极强的敏感性。保持饲养人员的相对稳定能够使家兔对固有饲养人员的脚步声和说话声熟悉和适应,并有利于培养人兔亲和关系。减少家兔因饲养人员频繁更换带来的惊扰应激,这对于家兔的正常采食、生长和繁殖都是有利的。

8. 怎么知道一个兔场饲养得好与坏？

一个兔场管理和生产性能的好坏,可以通过对一些细节的观察来判断。尤其是计划到一些兔场引种,判断这个兔场管理是否到位、家兔生产性能高低,以及兔的健康状况,不能仅仅凭借兔场销售人员的"表达"做出判断,要亲眼看看。常言说得好:耳听为虚,眼见为实。但是,如果养兔经验不足,怎样才能通过短短的"走马观花"就能对兔场做出比较准确的判断呢？根据笔者多年的经验,兔场辨优劣,记住 8 个字:

(1)听声 家兔的呼吸道疾病在我国兔场普遍存在,尤其是传染性鼻炎。引种不可选择传染性鼻炎较严重的兔场。当走到兔舍门口时,不要贸然走进兔舍,而是站在兔舍门口停留 30 秒钟,认真听听兔舍内的声音。如果里面很静,或仅能听到兔的吃料声或踏足声,这是正常的。如果听到连续的喷嚏声,表明该兔场传染性鼻炎严重,不可引种。

(2)看板 家兔消化道疾病占家兔疾病的 60％以上,绝大多数的表现形式为腹泻。如果发生腹泻,在笼底板上必然残留稀便。残留的稀便越多,说明腹泻越严重。如果笼底板上不仅没有稀便,连粪球也难以找到,表明该兔场的消化道疾病很少,同时也说明该兔场的管理精细,饲料质量可靠。

(3)查眼 常言说:眼睛是心灵的窗口。对于家兔而言,通过眼睛,可以判断其健康状况、繁殖性能的高低和饲料的合理性。如果白色家兔眼睛明亮圆瞪,眼球鲜红,表明该兔健康,繁殖力强,饲料中维生素含量丰富;否则,两眼无神,眼球淡红,表明该兔健康状况一般,繁殖力不高;如果眼球灰白,表明严重缺乏维生素,繁殖能力很差。如果眼球呈现蓝灰色,表明该兔患有较严重的呼吸系统疾病。

(4)数崽 家兔的繁殖性能通过繁殖仔兔来体现。如果每个产仔箱里面的仔兔都是满满的,数量在7～9个之间,比较均匀,健康状况良好。而出产仔箱后的仔兔,活蹦乱跳,每窝都在7个以上,被毛光亮,生长均匀,表明该兔场成活率高,管理到位,家兔的生产性能良好。

一些人反映:供种兔场不允许进入兔舍看兔怎么办?可以到该兔场的粪堆看看。如果粪堆全部是成型的粪球,圆圆的,表明该兔场的家兔消化系统健康,饲料配合良好。如果饲料和粪便混合,粪便不成型,一方面说明该兔场管理粗放,饲料浪费严重;另一方面也表明其饲料质量不佳,技术力量薄弱;如果粪堆里面有很多死亡的仔兔,表明该兔场的成活率不高。

通过以上观察,可以初步判断一个兔场的基本情况,然后根据具体情况做出优劣和是否适合引种的决定。

9. 日常怎样观察和检查家兔?

细致观察是实现科学饲养管理的手段,通过细致的观察可以及时了解兔群的健康状况,同时也可以通过观察、检查达到选优去劣的目的。养兔生产中重点应观察家兔粪便的质和量。消化系统患病时,粪量变少,质地柔软。还应观察家兔的精神状态,但白天家兔休息多,有时难以判断其精神状态。对疑似患病家兔可采取"吹毛检查法",即逆毛向用力吹,健康者会立即起立逃走,病兔则无反应或动作迟钝。还应看家兔鼻孔清洁与否,如有分泌物、呼吸次数过多或过少,则说明有呼吸系统疾病。家兔的皮肤被毛完整与否,往往也能体现出家兔是否带有体外寄生虫。

除上述观察外,还应对家兔的牙齿和足底进行检查。家兔的啮齿行为保证了其门齿的适宜长度。在饲喂过程中,如果饲草过软,纤维含量低,颗粒过细或遗传原因,往往会导致其牙齿畸形,难以咬合,易导致家兔采食减少、生长缓慢,应及时发现及时剔除。现代养兔多采用笼养形式,而笼养容易导致家兔患脚皮炎尤其是大型家兔,患有脚皮炎的家兔不仅体质瘦弱,而且会严重影响繁殖能力,故必须经常检查,及时发现,予以治疗或淘汰。

10. 打扫卫生是否越勤越好?

家兔具有喜清洁爱干燥的习性。经常打扫兔舍卫生,保持兔舍干燥、整洁,是杜绝病原微生物滋生、保证家兔健康的重要措施之一。但兔舍打扫并不是越勤越好,过于频繁地清理兔舍,会增加家兔的应激刺激,难以保证家兔充足的休息时间,从而影响家兔生产性能的发挥。尤其在兔舍清理中使用冲水的形式,会导致兔舍湿度过大,霉菌、寄生虫等病原体增多,从而诱发家兔发病。因此,兔舍的打扫应当以保证兔舍无异味、无粪便堆积、干燥为宜,而不是越勤越好。一般夏季可每天 1 次,冬季可每 3 天 1 次。

11. 消毒次数是否越多越好?

消毒是兔病综合防制中的重要环节,通过合理的消毒能够消灭散布在外界环境中的病原体,切断传染途径,防止疫病的暴发和蔓延。但是消毒次数并不是越多越好,多数消毒药物带有刺激性或对环境产生污染,消毒过于频繁会对家兔带来过多的应激,影响生产性能;过于频繁的消毒还会带来二次污染,影响环境安全。因此,消毒应当适度,在保证消毒目的的前提下,尽量减少消毒次数。兔舍的消毒应当做到至少每旬消毒1次,夏季应每周消毒1次;在家兔分娩和转群前,兔笼、兔舍应进行消毒;在家兔第一次配种前和编群越冬前,对场内全境、房舍和用具等,应进行1次全面消毒。

12. 兔舍是否越清静越好?

家兔胆小怕惊,喜欢安静、舒适的环境,在生产中应当为其创造符合这一生物学特征的饲养环境。但是兔舍当中并不要求保持绝对安静,有一定的杂音、声响对家兔生产也是有利的。任何一种动物对周边环境均有一定的适应性,保持兔舍绝对安静固然是一种理想的良好状况,但是在一个饲养周期中,长时间的做到无噪声是很困难或不可实现的。由于过分强调了兔舍的安静,一旦发生异响家兔就会表现出更大的应激。而相反的是如果在日常饲养中就给家兔一定的声响,使其对声音产生一定的适应,在突发性的噪声出现时,就会表现出一定的适应性,减小应激带来的危害。因此,家兔生产中既要求控制噪声惊扰,又要在一定程度上保持声响。

13. 兔舍湿度是否越低越好?

兔舍湿度是影响家兔生产的重要环境条件之一,在研究湿度对家兔的影响时往往和温度结合考虑。高温高湿情况下不利于家兔的散热,加重家兔的代谢负担;低温高湿又不利于兔舍的保温升温,同时还会使家兔的非辐射散热增加,由此可见高湿在任何条件下对家兔都是不利的。但是兔舍湿度过低，又会导致兔舍内过于干燥，家兔容易出现被毛折断、皮肤干裂等现象，同时兔舍内也会有大量的粉尘影响家兔的呼吸。因此兔舍的湿度应当保持在合理的湿度范围内，而不是越低越好，一般来讲家兔的适宜环境空气相对湿度为 55%～65%。

14. 所有的家兔是否都需要单笼饲养？

家兔具有群居性差的特点，这一特点尤其表现在成年的同性家兔之间，在家兔生产中为了避免家兔的相互咬伤，有人提出家兔饲养应当单笼饲养。但是家兔的群居性与其年龄、性别都有关系，未达性成熟的幼龄家兔合群性强，成年公兔咬斗现象严重而母兔表现比较温顺。因此，在家兔饲养中为了充分利用兔舍空间，节省笼具投资，针对不同年龄和不同生理状态的家兔应当采取不同的措施。幼龄家兔具有良好的合群性，可以放在一起群养；种公兔争斗性强，为了避免咬死咬伤，应当进行单笼饲喂；空怀母兔、妊娠前期母兔性情温顺，可以合养在一起，但应当尽量减小群体规模，一般以每笼 2 只为宜；妊娠后期，哺乳母兔为了防止互相碰撞、打斗造成流产或母兔杀死其他母兔的仔兔，也应当进行单笼饲养。长毛兔及育肥后期的獭兔，为防止群养影响被毛品质，也应单笼饲养。

15. 家兔耐寒是否温度越低越好？

耐寒怕热是家兔的一个显著特征，这是由其生理特点决定的。家兔全身被覆浓密的被毛，具有良好的保温能力，同时家兔缺乏汗腺，不能借助排汗带走身体的热量，而只能借助呼吸进行散热。特殊的温度调节方式决定了其耐寒怕热的习性。据测定，当外界温度由 20℃上升到 35℃时,家兔的呼吸次数由每分钟 42 次增加到 282 次,家兔长期处于 35℃或更高温度条件下,常常发生死亡。但在防风、防雨雪的条件下,家兔能长期耐受 0℃以下的气温。同时适当的低温,有助于提高獭兔的被毛品质,也具有促进长毛兔被毛生长的作用。

但这种低温环境也会影响到家兔的生长和生产。一方面家兔处于寒冷条件下,为了维持体温恒定,采食量增多,维持需要所占比例加大,饲料报酬降低;另一方面极端寒冷条件会抑制母兔的发情、排卵。因此,养兔生产中应当为家兔提供良好的温度环境,一般家兔的最适宜温度为 15℃～25℃,临界温度为 5℃～30℃。

16. 仔兔有何生理特点?

(1)全身裸露、保温能力差 刚刚出生的仔兔全身无毛、两眼紧闭,没有有效的保温机制,容易冻死、冻伤。在兔舍内应当采取保温措施,一般采用整体适温、局部高温的方法,即在产仔箱里加厚垫草,并把垫草铺垫成四周高、中间低的凹地形,有利于仔兔集中和保温。特别寒冷的冬天还可以在产仔箱上盖棉被,以保证仔兔的温度要求。

(2)生长速度快 仔兔出生后体重增长很快,一般品种初生时只有 50～60 克,1 周龄时体重增加 1 倍,4 周龄的体重约为成年兔的 12%,8 周龄时的体重为成年兔的 40%。快速的生长来源于充足的营养和旺盛的代谢,为了保证仔兔的高速健康生长,应当饲养好哺乳母兔,使其为仔兔提供充足的乳汁。同时,由于仔兔期间新陈代谢旺盛,排出的代谢废物比较多,还应做好仔兔饲养的环境卫生控制,为仔兔的生长发育提供良好的环境,保证其健康。

(3)消化系统体温调节功能及抗病能力差 新生仔兔机体的各组织器官处于发育过程,各项功能尚不完善,一旦发生问题,死亡率极高。在此阶段应当加强仔兔的看护,为其提供良好的饲养管理,及时发现、消除生产中的隐患。

17. 怎样预防出生仔兔早期死亡?

造成出生仔兔早期死亡的原因很多,主要包括冻死、鼠害、黄尿病、垫草绕颈等。其中尤其是以冻死造成的危害最为严重。要预防出生仔兔的早期死亡应当做好以下几点:

(1)防冻死、冻伤 为仔兔进行保温是防止仔兔冻死的常用方法,一般采用产仔箱,产仔箱内放置柔软干燥的稻草,或铺盖保暖的兔毛,保持箱内温暖干燥。除做好产仔箱的保温工作外还应当预防吊乳现象的发生。吊乳是指母兔在哺乳期间突然跳出产仔箱并将仔兔带出的现象。被吊出的仔兔如果不能及时发现送回产仔箱,则很容易被冻死、踩死或饿死。造成吊乳的原因主要是由于母兔乳汁不足或者仔兔过多时,仔兔吃不饱,吸着奶头不放;或者在母兔哺乳时受到惊吓而突然跳出产仔箱。因此,在管理上应当特别小心,避免上述现象发生。如因母乳不足而引起,应调整母兔的饲粮,提高营养水平,适当增加精饲料喂量,同时多喂些青绿饲料,促进母兔乳汁分泌;对于仔兔多的情况可以采用寄养的形式;如因管理不当所致,则应设法为母兔创造适宜的生活环境,确保母兔不受惊扰。

(2)预防鼠害 家兔胆小怕惊,对仔兔的保护能力比较差,尤其在仔兔的睡眠期往往被老鼠整窝咬死或吃掉。兔舍内防鼠害不能采用鼠药或养猫的形式,以防止家兔误食鼠药或猫叼吃仔兔。有效的方法是处理好地面和下水道,同时采用母仔分养、定时哺乳的方法,即哺乳时把产仔箱放入母兔笼内,哺乳后再将产仔箱移到安全的地方。

(3)防止黄尿病 仔兔的黄尿病是由于仔兔吮吃了患有乳房

炎母兔的乳汁发生的急性肠炎,尿液呈黄色,并排出腥臭黄色水样粪便,沾污后躯。患兔体弱无力,皮肤灰白,无光泽,很快全窝死亡。防止此病的方法主要是保证母兔健康无病。喂给母兔的饲料要清洁卫生,笼内通风干燥,经常检查母兔的乳房和仔兔的排粪情况,保证母兔充足泌乳,避免乳房被仔兔咬伤,经常检修兔笼,消除笼内外露的毛尖毛刺,避免母兔乳房的外部扎伤。

(4)防止感染球虫病　携带有球虫的母兔或者患有球虫病的母兔,是仔兔断奶后球虫病的传染源,同时,球虫毒素经血液循环至乳汁中,可导致仔兔消化不良、腹泻、贫血、消瘦。预防的主要方法是保持笼内清洁卫生,及时清理粪便,经常清洗或更换笼底板,并用日光暴晒等方法杀死虫卵,平时在母兔饲料中添加一些抗球虫药物。

(5)防止仔兔窒息或残疾　仔兔在产仔箱内爬动,容易被产仔箱内的柔软长垫草或兔毛(尤其是长毛兔毛和线头)缠绕在颈部,就会使仔兔窒息死亡,如缠结在颈腹部,会造成仔兔局部臃肿坏死而成残疾。因此,要注意产仔箱内垫草或兔毛的质量,保证柔软蓬松、清洁干燥。

18. 仔兔断奶有没有标准？怎样掌握？

仔兔的断奶时间,因品种和兔的生产用途、饲养水平不同而有差异,没有统一的标准。一般来说,中型兔体重达 500～600 克,大型品种兔体重达 750 克以上时即可断奶,对于留作种用的家兔断奶体重还可以适当大些,商品兔断奶体重可适当小些。从日龄上来看,仔兔断奶时间一般为 30～40 天。另外,仔兔的断奶时间还可以参照家兔的生产用途和饲养模式决定:副业养兔,断奶时体重应当达到 500 克以上,集约化、半集约化养兔断奶时体重应达 600 克以上,留种用仔兔断奶的时间应适当延长,体重 750 克以上再断奶为好。

19. 什么叫超早期断奶？生产中是否可行？

超早期断奶是指仔兔出生后 4 周前对其进行断奶。目前，国外对超早期断奶研究较多，主要应用于频密式繁殖的兔场，要保证超早期断奶的成功，高水平的管理技术是其必备条件。由于我国大多数兔场饲养水平差、管理设备落后，因此不提倡使用。

20. 什么叫早期断奶？在什么情况下采用？

断奶时间是影响仔兔成活和增重的重要因素，也是母兔繁殖率高低的重要限制因素。一般生产上将仔兔 4 周龄断奶称早期断奶。仔兔的早期断奶有一定的优势，主要表现在通过早期断奶减少仔兔与母兔的接触时间，从而减少从母兔感染一些疾病的机会，特别是球虫病和大肠杆菌病、皮肤病等，对于提高断奶成活率很有好处；另外，早期断奶使仔兔采食较多的固体饲料（多为植物性饲料），刺激肠黏膜的发育和消化酶系统的发育成熟和分泌，有助于饲料的消化吸收，提高营养的利用率。

但早期断奶同时也会带来一些不利影响。一是早期断奶对仔兔产生很强的应激，特别是环境应激、营养应激和心理应激。二是仔兔早期断奶后中断了从母乳中获得母源抗体，而此时自身主动免疫力尚未发育健全，因此机体免疫反应处于抑制状态，导致仔兔抵抗力差、容易患病。三是仔兔消化道的酶系不完善，消化酶分泌不足，不能充分利用饲料中的营养物质，往往导致仔兔消化不良，腹泻。四是家兔肠道中正常菌群以厌氧菌为主（主要包括乳酸杆菌、双歧杆菌、消化球菌等），需氧菌为辅，主要是酵母菌和肠杆菌。对于刚断奶的仔兔由于断奶应激造成机体抵抗力下降,病原微生物会乘虚而侵入动物机体,导致菌群失调,从而引起仔兔腹泻。

虽然早期断奶一定程度上会给养兔生产带来好处,但一定要认清早期断奶不能盲目进行,以免适得其反。能否对仔兔进行早期断奶,主要依据自己兔场的饲养管理水平及生产方式。一般来说,实行频密繁殖的兔场适于采取早期断奶。要保证早期断奶的顺利实施,必须依赖于先进的饲养管理水平。饲料方面除满足仔兔饲料的适口性、营养价值、易消化外还应当针对仔兔的消化特点,补充饲料添加剂如酶制剂、微生态制剂、维生素等以提高仔兔的消化功能,帮助其构建良好的肠道微生态区系。管理上也应当做到精细管理,提供适宜的环境,包括温度、湿度、通风、光照和卫生条件。认真观察早期断奶后仔兔的表现,发现异常,及时采取措施。

21. 正常断奶多长时间?

仔兔的断奶应当有适宜的时间安排,断奶时间过早,仔兔消化系统还没有发育成熟,对饲料消化能力较差,生长发育必然受到影响。一般情况下,断奶越早,仔兔的死亡率越高。但是断奶过晚,仔兔长期依靠母兔乳汁的营养,影响消化道中各种酶的形成,也会导致仔兔生长缓慢,同时对母兔的健康和每年繁殖的胎次也有直接影响。所以,仔兔的断奶时间应以 5 周龄左右为宜。

22. 什么情况下延期断奶?

延期断奶是指到达断奶日龄以后根据生产需要或仔兔生长发育情况,不对仔兔进行断奶,继续让其以母兔乳为食物饲养一段时间,再进行断奶的一种方式。通常延期断奶往往是和仔兔的发育情况、生产用途和气候条件相联系的。如到达断奶日龄时仔兔生长发育差，体质弱小、生活力低，如果按计划断奶的话可能造成大量死亡，应推迟断奶时间。对于准备留作种用的仔兔，由于种用兔影响到未来商品兔的质量，为了保证选留种兔的充分发育，也应适当延迟断奶时间。除上述原因外，断奶时间还应根据气候条件有所调整，仔兔生活力低，离开母体和饲料形式的改换对其是一个较大的应激，如果时间又赶在严寒的冬季，这对弱小的仔兔来讲无异于雪上加霜，会导致高的死亡率。因此，为了提高仔兔的生活力和成活率，恶劣气候条件下应适当延迟断奶时间。

23. 仔兔什么时候补料？ 怎样补料？

仔兔出生以后 16 天左右开始寻找新鲜嫩绿的青饲料或调制好的饲料，这时应及早补料。仔兔的补料方法有两种，一种是提高母兔的饲料量和质量，增加补料槽。另一种是补给仔兔优质饲料。仔兔料应营养全面，适口性好，易消化。在喂料时要少喂多餐，均匀饲喂，逐渐增加。一般每日补料 4～5 次，每只喂量由 4～5 克逐渐增加到 20～30 克，补料后应及时取走补料槽，以防仔兔在里面排便。

24. 怎样提高仔兔成活率？

仔兔成活率与母兔妊娠后期的营养状况、哺乳期泌乳情况以及整个发育过程的饲养管理密切相关，应根据具体的环节采用相应的措施。

（1）加强母兔妊娠后期的营养　仔兔成活率的高低与初生重成正相关，而初生重的 90% 是在妊娠后期增长的。因此，保持妊娠后期母兔的营养，是保证仔兔正常生长、提高初生重的关键。

(2)做好母兔产前的准备工作 产前准备工作的好坏维系着母兔和仔兔的后续生活。产仔箱柔软、干燥、卫生,可以使仔兔受环境温度、病原菌的影响减少到最低程度;生产环境安静、舒适,可使母兔在生产中免受刺激,避免将仔兔产于产仔箱外;产后及时供给饮水和一些适口饲料,避免因口渴而发生食仔兔现象,减少仔兔不必要的伤亡。

(3)吃好初乳 初乳与常乳相比营养更丰富,含有较多蛋白质、维生素、矿物质。其所含的镁盐可促进胃肠蠕动,排出胎粪。虽然仔兔的抗体是通过胎盘而先天获得,不依赖初乳,但及时吃好初乳,对于提高仔兔抵抗力和成活率至关重要,应在仔兔出生后 6 小时之内检查是否吃到初乳。若没有吃,则查明原因,采取措施。

(4)调整仔兔 为了保证仔兔均衡发育,除了对仔兔进行寄养外,还可以采用弃仔、一分为二和人工哺乳等技术措施。

①母兔产仔较多,又找不到合适的保姆兔时,将那些发育不良、体质孱弱的仔兔主动弃掉。此项措施应及早进行。

②对产仔多又找不到保姆兔,而母兔体质健壮,泌乳力强时,可采用一分为二哺乳法。即将仔兔按体重大小分为两部分,分开哺乳。早上乳汁多给体重小的仔兔哺乳,夜间给重大的仔兔哺乳。此间应给母兔增加营养,仔兔应及时补料。

③对于产仔过多、母兔患乳房炎或产后母兔死亡又找不到保姆兔者,可采用人工哺乳法。具体方法为:用 5～10 毫升玻璃注射器或眼药水瓶,在开口处安一段 1.5～2 厘米长的自行车气门芯,即成了仔兔的哺乳器。用前煮沸消毒,用后及时冲洗干净。哺乳时应注意乳汁的温度、浓度和给量。若给予鲜牛奶、羊奶,开始时应加入 1～1.5 倍的水,1 周后混入 1/3 的水,15 天后可喂全奶。乳汁的温度可掌握在夏季 35℃～37℃,冬季 38℃～39℃。乳汁的浓度视仔兔的粪尿情况而定,若仔兔尿多,窝内潮湿,说明乳汁太

稀;若尿少,粪油黑色,说明乳汁太稠,应适当调整。喂时将哺乳器放平,让仔兔吮吸均匀,每次喂量以吃饱为限,日喂1~2次。人工哺乳难度大,耗费时间,规模兔场难以实行。

(5)防寒防暑　由于仔兔全身裸露,体温调节能力差,冬天容易受冻而死。所以,保温防冻是寒冷季节出生7天内仔兔管理的重点。兔舍应当进行保温,有条件的兔场可设仔兔哺育室。仔兔开眼前要防止吊乳,如果掉在或产在产仔箱外应及时捡回。冻僵但未冻死的仔兔做急救处理。夏季天气炎热,阴雨潮湿,蚊蝇较多,应将产仔箱放在安全处,外罩纱布,按时将其放入母兔笼内哺乳,并进行通风、降温处理。

(6)预防非正常死亡　仔兔出生1周内易遭兽害,特别是鼠害,严重时死亡率达70%~80%,所以消灭老鼠是兔场和养兔专业户的一项重要任务。采用的方法主要有:放毒饵于洞穴;加强管理,将产仔箱放在老鼠不能到达的地方,喂奶时再放回母兔笼内;养猫,但要防止猫吃兔。垫草中混有布条、棉线、长毛,会使仔兔在滚爬时缠绕颈部和腿部,易造成不必要的非正常伤亡,应当引起注意。

(7)预防疾病　出生1周内的仔兔易患黄尿病,原因是仔兔吮吸患有乳房炎的母兔的乳汁。患病仔兔粪稀如水、呈黄色,沾污后躯,身体瘫软如泥,窝内潮湿腥臭,严重时全窝死亡。杜绝此病必须加强母兔的饲养管理,发现患有乳房炎的母兔立即停止哺乳。对患病仔兔应及时救治,可口服氯霉素眼药水,每次2~3滴,每日2~3次。

(8)及早补料　仔兔16日龄左右开始寻找青绿饲料或人工调制好的饲料,这时应及时补料。补料一开始可在产仔箱内进行,或在补料槽内放入粉料饲喂。仔兔料应营养全面、易消化、适口性好。饲养水平为蛋白质20%,消化能11.3~12.54兆焦/千克,粗纤维8%~10%,加入适量酵母粉、生长素和抗生素添加剂。23~

25日龄可喂些营养价值高的嫩草。仔兔补料一般日喂4～5次，喂量从每日4～5克逐渐增加到20～30克，补料后应及时取走饲槽，以防仔兔在补料槽内排便。补料持续到35～45日龄，再慢慢改为生长兔或育肥兔料。

（9）适时断奶　仔兔的断奶时间因体况、体重不同可做调整。种兔、发育较差的兔或在寒冷季节，可适当延长哺乳期；条件较好的兔场及有血配计划时，断奶时间可适当缩短，但不能短于28天，一般情况下断奶时间为35～42天，血配为28天。

25. 为什么仔兔断奶后容易死亡？

仔兔刚刚断奶后，死亡率高是家兔饲养中较难饲养的时期，这与仔兔的生理特点有关。从外在条件来看，仔兔断奶后经历一系列的应激刺激。首先，仔兔刚刚完成断奶，由原来的跟随母兔共同生活，变为脱离母体，生存环境的改变给仔兔带来较大的环境应激；其次，饲料形式由跟随母兔的母乳饲喂改为以固体形式的饲料为食物，消化器官不适应。从仔兔自身特点来看，仔兔生长速度快，对饲料要求比较高，而且仔兔往往贪吃。但是由于仔兔消化系统功能很差，往往会由于贪吃导致腹泻而死亡。仔兔阶段各项功能发育不完善，尤其是抗病能力，在此时期仔兔尤其容易感染球虫病，如预防不当也会导致大批死亡。

26. 怎样使断奶仔兔度过危险期？

要保证断奶仔兔生长发育良好、成活率高，在饲养管理方面一定要做精心细致的工作，概括起来主要包括以下几个方面：

（1）饲料过渡　断奶仔兔消化道内没有形成正常的微生物群系，消化功能差，断奶后1周腹泻发病率高。为使幼兔正常生长发育,饲料的更换应当循序渐进,而不能一蹴而就。具体方法可参照在断奶后1周内维持原补饲料饲喂,第二周开始逐渐更换,可每2天换1/3,1周后换为生长兔料。

(2)限制采食 为了防止断奶仔兔贪吃过食,在断奶后2~3周内应进行限制饲养。

(3)良好的饲喂制度 断奶后仔兔饲喂时应注意少量多次,定时定量,一般日喂4~6次。

(4)原窝饲养 断奶仔兔对外界刺激反应敏感,为了尽量减轻断奶带来的不良应激,刚断奶的仔兔,应当保持原窝仔兔饲养在一起,做到不拆窝、不分群,等仔兔经过1~2周的适应期后,再按照体重大小、体质强弱、年龄、性别、品种等进行分群。

(5)做好卫生、防止球虫 断奶仔兔易受到疾病困扰,其中球虫病是危害最大的疾病之一。要做好球虫病的预防应当将环境控制和药物预防相结合。平时注意搞好兔舍环境卫生,保持兔舍内清洁、干燥、通风,兔舍和运动场、食具等应定期消毒。断奶后和夏、秋多雨季节在仔兔饲料中添加氯苯胍、磺胺类等抗球虫药物,以预防球虫病发生。

27. 为什么说幼兔难养?

幼兔是指从断奶至3月龄的小兔。幼兔的特点是生长发育快,食欲旺盛,常有不知饥饱和贪食现象。贪食后易发生消化不良,引起腹泻和胃肠臌胀病。由于幼兔肠壁通透性大,大分子有毒物质也通过肠壁进入血液循环,所以幼兔患胃肠道病后常表现十分严重,死亡率很高。同时,断奶后的幼兔得不到乳中一种抗微生物的乳因子,并且断奶后幼兔胃内胃酸的浓度低,极易感染球虫病。因此,幼兔阶段是一生最难养的阶段。

28. 怎样提高幼兔成活率?

要提高幼兔的成活率在管理上要做到3个稳定,即生活环境的稳定、饲料配方的稳定和饲喂时间和次数的稳定。应特别注意以下几点:

(1)逐渐更换饲料 幼兔断奶后机体新陈代谢旺盛,需要营养多,但同时又具有消化功能差、肠道微生物正常菌群未形成的特点。因此,在断奶后要防止饲料突变。即断奶后1周之内,仍要喂哺乳期的饲料,从第二周开始逐渐更换,可每天换1/3。并及时少量补饲容易消化、营养丰富的菜叶、嫩草、胡萝卜、南瓜等优质青绿饲料,或配制专门仔兔饲料饲喂。切实注意夏季饲草无露水,冬季饲料无冰霜,保持饲料配方和质量的相对稳定。

(2)饲喂制度合理 在饲喂制度上要遵循少量多次的原则,定时定量,以吃八成饱为宜,每天饲喂3～4次混合料和1～2次青绿料,萝卜块根要刮成丝或煮熟喂。保持饲喂时间和次数的相对稳定。

(3)保证饮水供应 水同样是一类重要的营养素,但在生产当中容易被忽视掉。对于幼龄家兔来说,单位体重需水量大,如饮水不足,会出现体重下降、生长受阻等现象,因此保证饮水是幼兔快速生长发育必不可少的重要条件。

(4)合理组群、减少应激 刚断奶的幼兔最好同窝养在原来的笼里,异窝别混养,经半个月后再按公母、大小、强弱分笼饲养,每笼3～4只为宜。切记刚断奶的幼兔不要单个饲养,因为单个饲养很容易引起幼兔孤独、精神沉郁而发病死亡。

(5)加强运动、增强体质 幼兔时期骨骼、肌肉快速生长,适当运动能够促进骨骼健壮、体质良好。因此,幼兔舍最好建有运动场,根据气温变化安排幼兔放出运动。为了减少应激还应当注意笼舍内环境的控制,笼舍温度保持 20℃为宜,保持稳定的环境。

(6)搞好卫生、防止疾病　此段时间各种疾病交替发生,要及时注射兔瘟、巴氏杆菌、魏氏梭菌三联苗和波氏杆菌、大肠杆菌疫苗,提高幼兔机体的免疫力。定期驱虫防止疥螨的发生与传播。幼兔最容易感染的是球虫病,应注意笼舍干燥卫生,严格消毒,料槽勤刷洗、暴晒,饲料中添加氯苯胍、磺胺类、诺氟沙星等抗球虫药物。冬、春注意保暖,防止受凉。夏季严防吃腐败变质饲料,防止蚊、蝇叮咬。

29. 怎样提高育肥兔生长速度和饲料利用率?

随着养兔业的发展,家兔的快速肥育已成为家兔生产中决定经济效益的重要一环,而越来越受到重视。家兔的肥育效果是一个多因素共同作用的结果,家兔肥育的关键技术主要有以下几点:

(1)选择优良品种和杂交组合　家兔的生长性能受到内在因素(遗传基因)和外在因素(饲养管理)两方面的影响。具有遗传优势的家兔生长快,饲养期短,饲料报酬高,肉质好,产仔多,从而增加养殖效益。在生产中家兔的肥育有 3 条途径:一是用优良品种直接育肥。即选择生长速度快的大型品种(比利时兔、塞北兔、哈白兔等)或中型品种(新西兰兔、加利福尼亚兔等)进行纯种繁育,其后代直接用于肥育;二是采用经济杂交,用良种公兔和本地品种母兔或优良的中型品种交配,如比利时兔♂×太行山兔♀,塞北兔♂×新西兰兔♀,也可以 3 个品种轮回杂交;三是饲养配套系。综合以上 3 条途径,饲养优良品种比原始品种效果要好,经济杂交比单一品种效果要好,配套系的育肥性能和效果比经济杂交要好,是目前商品肉兔生产的最佳形式。不过目前我国配套系资源并不丰富,大多数地区还不能实现直接饲养配套系。一般来说,国外引入品种与我国地方品种杂交,均可表现一定的杂种优势。

（2）抓断奶体重　肥育期的增重速度很大程度上取决于早期增重速度。实践证明，断奶体重大的仔兔，生活力越高、适应性越强，越能抵抗断奶应激，育肥期的增重速度也越快；断奶体重越小，断奶后越难养，育肥速度也越慢。仔兔要求 30 天断奶体重力争达到：中型兔 500 克以上，大型兔和配套系 600 克以上。这就要提高母兔的泌乳力，调整好母兔哺育的仔兔数，抓好仔兔的补料。

（3）过好断奶关　仔兔的断奶存在环境和饲料的改变，因此仔兔从断奶向肥育的过渡非常关键。如果处理不好，在断奶后 2 周左右增重缓慢，停止生长或减重，甚至发病死亡。因此，断奶后最好原笼原窝在一起，即采取移母留仔法。若笼位紧张，需要调整兔笼，同胞兄妹不可分开。育肥期实行小群笼养，切不可一兔一笼，或打破窝别和年龄，实行大群饲养。这样，会使刚断奶的仔兔产生孤独感、生疏感和恐惧感。断奶后 1～2 周应饲喂断奶前的饲料，以后逐渐过渡到育肥料。否则，突然改变饲料，2～3 天即出现消化系统疾病。

（4）直接育肥　家兔在 3 月龄前是快速生长阶段，且饲料转化率高。应充分利用这一生理特点，提高经济效益。家兔的育肥期很短，一般从断奶至出栏最长 60 天的时间。因此，仔兔断奶后不可用大量的青饲料和粗饲料饲喂，应采取直接育肥法，即满足幼兔快速生长发育对营养的需要，使日粮中蛋白质 17%～18%、能量 10.47 兆焦/千克以上，粗纤维控制在 12% 左右。有人认为，小公兔早期去势能够促进增重，提高饲料转化率，建议 55～70 日龄去势为宜。也有人认为，小公兔在肥育期内还未达到性成熟，不会因为性腺活动而影响增重。如果进行去势，无论哪种去势手段都会对小公兔造成较大应激而影响公兔的增重。并且，不进行去势的小公兔，睾丸分泌的雄激素还能起到促进生长的作用。因此，国内外肉兔和獭兔育肥均不去势。

（5）控制环境　育肥效果的好坏，在很大程度上取决于为其提供的环境条件,主要指温度、湿度、密度、通风和光照等。

①温度对于家兔的生长发育十分重要,过高和过低都是不利的,最好保持在15℃～25℃,在此温度下体内代谢最旺盛,体内蛋白质的合成最快。

②适宜的湿度不仅可以减少粉尘污染、保持舍内干燥,还能减少疾病的发生,最适宜的空气相对湿度应控制在55%～65%。

③饲养密度应根据温度和通风条件而定。在良好的饲养条件下,每平方米笼养面积可饲养育肥兔18只。在生产中由于我国农村多数养兔场的环境控制能力有限,过高的饲养密度会产生相反的作用,一般应控制在每平方米笼养面积14～16只。育肥兔由于饲养密度大,排泄量大,如果通风不良,会造成舍内氨气浓度过大,不仅不利于家兔的生长,影响增重,还容易使家兔患呼吸道等多种疾病。因此,育肥兔对通风换气的要求较为重要。

④光照对家兔的生长和繁殖有影响。肥育期实行弱光或黑暗,仅让家兔看到采食和饮水,能抑制性腺发育,延迟性成熟,促进生长,减少活动,避免咬斗,快速增重,提高饲料转化率。

(6)狠抓饲料　首先,使用颗粒饲料。一般来说,颗粒饲料可提高增重8%～13%,饲料转化率提高5%以上。其次,重视饲料添加剂的使用。除了满足育肥兔对蛋白质、能量、纤维素等主要营养物质的需要外,合理地使用维生素、微量元素、氨基酸等营养性添加剂和稀土、酶、杆菌肽锌等非营养性添加剂,还能发挥促进肉兔生长性能和改善兔肉品质的作用。

(7)自由采食和饮水　传统的家兔育肥技术一般采用定时定量、少喂勤添的饲喂方式。现代研究表明,让育肥兔自由采食,可保持较高的生长速度。只要饲料配合合理,不会造成育肥兔的过食、消化不良等现象。自由采食适于饲喂颗粒饲料,而自由采食粉料时有很多不便之处,特别是饲料的霉变问题不易解决。在育肥期总的原则是让育肥兔吃饱吃足,只有多吃,才能多长。

（8）控制疾病　家兔育肥期易感染的主要疾病是球虫病、腹泻、巴氏杆菌病和兔瘟。球虫病是育肥兔的主要疾病，尤以 6～9 月份多发。应采取药物预防、加强饲养管理和搞好卫生相结合的方法积极预防。预防腹泻的方法主要是在饲料中合理搭配粗纤维，搞好饮食卫生和环境卫生，必要时采用药物预防。预防巴氏杆菌病，一方面搞好兔舍的环境卫生和通风换气，加强饲养管理；另一方面在疾病的多发季节适时进行药物的预防。对于兔瘟只有定期注射兔瘟疫苗才可控制，一般断奶后每只皮下注射 1～2 毫升，即可保证出栏。

（9）适时出栏　出栏时间应根据品种、季节、体重和兔群表现而定。在正常情况下配套系商品代 70～75 日龄，纯种育肥和杂交育肥 90 日龄可达到 2.5 千克，即可出栏。大型品种，骨骼粗大、皮肤松弛、生长速度快，但出肉率低，出栏体重可适当大些。中型品种骨骼细，肌肉丰满，出肉率高，出栏体重可适当低些，达 2.25 千克以上即可。春、秋季节，青饲料丰富，气候适宜，家兔生长较快，育肥效益高，可适当增加出栏体重。肉兔年龄越大继续饲养虽然能够进一步增加体重，但是生长速度和饲料报酬都会大幅度降低，因此肉兔饲养时间过长是无益的，一般控制在 3 月龄以内出栏。

30. 种兔非配种期如何饲养管理？

种兔不同于商品兔，在兔场经营中不承担直接的商品生产任务，但其又是兔场经营的关键部分，直接提供兔产品的生产者——商品兔。因此，种兔质量的好坏直接影响兔群的质量。在非配种期内种兔不从事任何生产，从饲养目的上来看就是通过非配种期的饲养管理，使种兔具备生长发育良好，体质结实，性欲旺盛，具有发育良好的生殖器官，体况不肥不瘦等优良种兔所具有的特征。要想实现对种兔的这种要求,就必须做好种兔的饲养与管理工作。

(1)饲料营养全面 种公兔配种效果的好坏,主要取决于精液品质。而精液品质又与营养有着密切关系,特别是蛋白质、矿物质和维生素等对精液品质影响最大。因此,种公兔的饲料中应当含有足够的蛋白质、矿物质和维生素。即在饲喂时应当做到混合精料、干草、青绿多汁饲料搭配合理,尤其要注意在青绿饲料匮乏的冬季、早春适当使用胡萝卜、麦芽、豆芽等来补充维生素 A、维生素 D、维生素 E 等。

(2)饲料营养稳定 精子的形成需要一个长的周期,一般需要1 个多月的时间。因此,在日粮配合时除了要注意营养的全面性外,还应注意营养的长期稳定性。如果对于精液品质不佳的种公兔,想用饲料来提高精液品质来满足配种任务需求的话,应当在配种前 20 天调整日粮的配合。

(3)限制饲养 种兔过于肥胖,会影响其配种能力和精液品质。为了避免种兔肥胖,应当采取限制饲养的方法。常用的限制饲养方法有两种形式,一种是限制采食量,即每天每只公兔饲喂量不超过 150 克;另一种是限制采食时间的方法,即料槽中一定时间有料,其余时间供给饮水,一般有料时间为 5 小时。

(4)单笼饲养 公兔到了 3 月龄后生殖器官开始发育,公、母兔混在一起会发生早配或乱配现象,必须与母兔分开饲养。公兔好斗性强、群居性差,多只公兔混养时,常出现咬架、互相爬跨等现象。因此,为了增强种公兔的性欲及避免公兔之间互相殴斗导致伤残,种公兔到 4 月龄后,应分开单独饲养。同时,公兔笼和母兔笼要保持较远的距离,以避免频繁的性刺激而导致自淫。

(5)适当运动 种公兔要保持多运动,多晒太阳,以防肥胖或四肢软弱,有条件的兔场,一般每天要保证 2～4 小时的户外运动。但是在实际生产当中,由于家兔灵活小巧,户外运动难以控制,因此在兔笼设计时可以适当增加公兔笼的笼底面积和笼高度,给予公兔较大的活动空间。

(6)控制环境　种公兔的笼舍应保持清洁干燥,并经常洗刷消毒。舍内温度最好保持5℃～20℃,过热、过冷都对公兔性功能有不良影响。

31. 为什么说"七八成膘,繁殖率高"?

种兔饲养应当保持在中上等体况即七八成膘,营养过高或过低对种公兔及种母兔的繁殖都是不利的。种公兔营养过剩会导致种公兔肥胖、精液品质下降、性功能减退、甚至无性欲。种母兔过于肥胖,导致脂肪沉积,会影响卵巢中卵泡的发育和排卵。据报道,在交配后第九天观察受精卵着床时,高营养水平的胚胎死亡率为44%,而低营养水平仅为18%。

营养水平过低或营养缺乏也是不利的,低营养水平不仅导致家兔体况过瘦,影响性器官发育,还会直接影响脑垂体的功能,而家兔的繁殖功能受脑垂体功能的调控。因此,种兔的饲养既不能过肥也不能过瘦,以保持七八成膘为宜。

32. 种公兔的配种强度如何控制?

种公兔的使用应当做好计划,尽量避免使用过度导致种公兔的早衰。一般青年公兔初配时每天配种1次,连续2天休息1天。壮年公兔每天可配种2次,连续2天休息1天,或每天配种1次,连续3～4天休息1天。在母兔发情集中的繁殖季节,可以适当增加种公兔的配种强度,但持续时间不宜超过7天,同时应当注意补充种公兔的营养。

33. 种母兔空怀期如何饲养管理?

空怀期是指从仔兔断奶到再次配种妊娠的阶段。此阶段的饲养关键是补饲催情。恢复母兔由于经历妊娠、泌乳两个阶段而造成的营养、体况的损失。为母兔下次能够正常发情、配种和妊娠,保持良好体况和营养储备。饲养管理主要做好以下几方面工作:

(1)保持适当体况 空怀母兔的饲养主要应当根据母兔的体况特点,灵活掌握饲养方案。对于体况良好的空怀母兔应以青绿饲料为主。在青草丰盛季节,每天可喂给青绿饲料 600~800 克,混合精料 20~30 克。在青草淡季,可喂给优质干草 125~175 克,多汁饲料 100~200 克,混合精料 35~45 克。对过瘦母兔应在配种前 15 天左右增加精饲料,迅速恢复其体膘。对过肥母兔应当减少精饲料,增加运动量。最终使空怀母兔保持七八成膘的肥度。但目前的规模化兔场,饲喂青饲料和干草很不好操作,多采取控制采食量的方法。

(2)补充青绿饲料 青绿饲料具有适口性好、维生素含量丰富的特点,而维生素是保证母兔正常发情、妊娠的必要物质。因此,对于配种前体况良好的母兔应以青绿多汁饲料为主,每天精料补充量控制在 50~75 克。在冬季和早春的淡青季节,每天需供给100 克左右的胡萝卜或大麦芽。但在规模化兔场,在控料的同时强化维生素。

(3)人工催情 对体况正常但不发情的母兔,在改善饲养管理条件的同时,可实施人工催情,常用的方法有异性刺激法、激素催情法和药物催情法。异性刺激法是将不发情母兔放入试情公兔笼内,让公兔追逐不发情母兔,或公母同笼饲养,让公兔的异性刺激通过神经反射作用,诱发母兔发情排卵,一般反复进行 2~3 次,可使母兔发情。激素催情法是给不发情的母兔肌内注射孕马血清,每日每只 0.5～1.0 毫升,一般 2～3 天后可发情配种。药物催情法常用的是中药催情散,配方为:淫羊藿 19.5%、阳起石 19%、当归 12.5%、香附 15%、益母草 19%、菟丝子 15%,每日每只 10 克拌于混合精料中,连服 7 天。生产中对母兔的催情一定要配合光照,每天达到 16 小时,约 6～7 天,效果明显。

34. 种母兔妊娠期如何饲养管理?

妊娠期是指母兔自配种怀胎到分娩这一段时期。母兔妊娠后,养分需求量大,代谢负担加重。此阶段营养物质的摄入不仅用于维持自身活动,还用于供给子宫的增长、胎儿的发育、乳腺的发育等多个方面,另外以后的泌乳也主要依赖于此阶段摄取的营养物质数量。因此,妊娠期饲养管理的好坏将直接影响到胎儿的发育、仔兔的初生重和母兔的泌乳量。此阶段的饲养管理应当重点抓好以下工作:

(1)加强营养　据报道,妊娠母兔的营养需要量是空怀母兔的1.5 倍,提高蛋白质、维生素和矿物质的水平变得尤其重要。蛋白质是构成胎儿的重要营养成分,矿物质中的钙和磷是胎儿骨骼生长发育所必需的物质。如饲料中维生素不足,则会导致畸形、死胎与流产。蛋白质含量少,则会引起仔兔死胎增多,初生重降低,生活力减弱。矿物质缺乏会导致仔兔体质瘦弱,死亡率增加。

在增加妊娠母兔营养的同时还应当注意到妊娠母兔的营养需要有明显的阶段性。妊娠前期(1～15 天),主要是各种组织器官的形成,体现在各种细胞的分化、种类的增多,增重仅占整个胚胎期的 10%左右。此阶段对营养物质的数量要求并不高,一般在保证饲料品质的前提下按空怀母兔的供给量或稍高于空怀母兔。妊娠后期(19 天至分娩)胎儿处于快速生长发育阶段。据报道,仔兔初生重的 90%是在此阶段完成的,此阶段主要是细胞数量增多和体积的增大,此期仔兔增重迅速,需要较多的营养物质。

生产中应根据母兔的身体状况灵活采取饲养方案,常用的看兔给料方法有以下三种:

①先青后精 适用于体况良好的母兔,为了避免种母兔养得过于肥胖,而影响生殖功能或分娩时出现难产,对那些膘情良好、体质健壮的母兔在妊娠前期只是饲喂品质良好的青绿饲料,而到妊娠后期营养需要增加时再补充精饲料,一般是在妊娠 15～20 天后加喂精饲料。

②逐日加料 此方法适用于初配母兔,初次配种受胎的母兔,还处于生长发育阶段,虽然妊娠前期胚胎需要的营养量不大,但为了满足母兔自身生长发育也应当逐日提高营养水平。到妊娠后期母兔又增加了胚胎发育所需营养负担,应当进一步提升。

③高水平饲养 对于体况瘦弱的母兔,应当保持高水平饲养,以充分保证母兔自身体质恢复和胚胎的良好发育。无论采取哪一种饲养方式,到临产前 3～5 天都要多喂鲜嫩的青绿饲料,减少精料,并注意饮水,以防便秘或乳房炎。

(2)加强护理 妊娠期间的首要任务就是做好护理、防止流产。造成母兔流产的因素很多,主要包括:机械性流产、精神性流产、中毒性流产、疾病性流产等几大类。因此在管理中应当做好以下几点:

①防止流产。不要随意抓妊娠母兔,尤其在受胎后 15～25 天。即使需要捕捉时也应注意保持安静,不使兔体受到冲击,轻捉轻放。

②保持舍内安静,避免惊扰。

③保持笼舍清洁干燥,防止潮湿污秽。

④严禁饲喂发霉变质饲料和有毒青草,保证饲料营养全面均衡。

⑤冬季饮用温水,过冷的水会刺激子宫急剧收缩,引发流产。

⑥摸胎时,要保证动作轻柔、快速准确。一旦确定受胎,就不能再触摸腹部。

35. 种母兔哺乳期如何饲养管理?

从母兔分娩到仔兔断奶这段时间称为哺乳期。家兔的泌乳期一般为28~42天,哺乳期的母兔每天可分泌乳汁60~250毫升,并且兔乳的营养极为丰富,其中含蛋白质10.4%、脂肪12.2%、乳糖1.8%、灰分2.0%,可见母兔在泌乳期需要消耗大量的营养物质。同时,仔兔在16天前完全依赖母乳提供营养物质,因此母兔的泌乳量越大,仔兔发育越好,成活率越高。保证母兔的健康和分泌充足的乳汁是本阶段的饲养重点。

(1)饲养技术 母兔分娩以后1~3天,消化器官正处于复位时期,消化能力差,体质虚弱,食欲不振,饲喂量不宜过多,应当以青饲料为主,辅以易消化的精饲料50~75克。规模化兔场,无条件饲喂青饲料,可控制颗粒饲料日喂150克左右。仔兔在哺乳期的生长速度和成活率,主要取决于母兔的泌乳量,而母兔的泌乳量主要取决于饲料的供给,因此合理的饲料供给是提高母兔泌乳力和仔兔成活率的关键。

母兔日粮除应包含优质的青绿饲料之外,还应供给富含蛋白质、能量的精饲料。生产当中可以根据仔兔粪便来调整母兔的日粮,如开眼前的仔兔,所吃的乳汁大部分都被吸收,粪尿很少,这说明母兔的饲养比较正常。如果巢内尿水过多,说明母兔吃的饲料水分过大。若仔兔粪多,则属于水分太少。

(2)管理措施

①保持安静 母兔胆小怕惊扰,环境条件过于嘈杂会使母兔在哺乳时惊慌乱跳、乱跑,往往会导致吊乳现象或母兔吞食仔兔的现象。因此,应当给予母兔安静、舒适的环境。

②观察哺乳效果　仔兔的表现往往是衡量母兔泌乳情况的重要依据。因此在哺乳期内要经常检查仔兔的状态,以了解母兔的哺乳情况。若母兔泌乳旺盛,仔兔吃饱后,腹部胀圆,肤色红润光亮,安睡不动。若没有吃饱奶,则腹部空瘪,肤色灰暗无光,有时发出"吱吱"的叫声。此时要对情况进行分析,如果母兔有乳不喂应当进行人工强制哺乳。如果母兔无奶,要立即采取催乳措施,如喂给母兔豆浆、米汤或红糖水等,也可以喂给中药催乳散(王不留行10克,通草、穿山甲、白术各3克,白芍、当归、黄芪、党参各5克)研磨拌料分2天喂服。

③预防乳房炎　乳房炎是由金黄色葡萄球菌感染而引发的疾病,一旦仔兔吮食带有葡萄球菌及其毒素的乳汁就会导致黄尿病的发生,往往成窝死亡。因此,预防哺乳母兔乳房炎的发生很有必要。母兔分娩1周内应服用抗生素药物。同时,要经常检查维修产仔箱、兔笼,减少乳房、乳头被擦伤和刮伤的机会。保持笼舍及用具的清洁卫生。经常检查母兔的乳房、乳头,如发现乳房有硬块、红肿,应及时采取中药通乳和热敷等措施。

36. 种母兔妊娠哺乳期如何饲养管理?

在采用频密式繁殖和半频密式繁殖的兔场,母兔多在仔兔断奶前配种受胎,此时的种母兔饲养时期称为妊娠泌乳期。由于此期的母兔同时承担泌乳和为胎儿发育提供营养双重任务,因此在饲养管理上应当充分为其提供良好的条件。

(1)保证繁殖母兔的营养需要　繁殖母兔经历上一个妊娠、分娩营养消耗较大,而接下来的妊娠和泌乳又是一个高营养消耗的过程,饲养当中如果营养水平低下,必然导致母兔泌乳量下降、胎儿发育不健全,严重者会导致母兔代谢紊乱发生死亡。因此,在此时期应当加强营养的补充,重点满足蛋白质、矿物质、维生素、能量等与泌乳、胎儿发育密切相关的营养物质。为了促进母兔的食欲、提高母兔的消化能力，还可以选用饲料添加剂如酶制剂、微生态制剂等。

(2)提供良好的兔舍环境　兔舍环境是母兔赖以生存的外在条件，兔舍环境良好，家兔表现安静、舒适，有利于提高饲料转化率、恢复体况。不适的环境会导致家兔代谢负担加重、饲料报酬降低，甚至出现病理状态。因此，在妊娠泌乳期更应当重视兔舍环境的控制，力争为此阶段母兔提供符合其生理条件的最佳环境。一般要求温度 15℃～25℃，空气相对湿度 60％～65％，通风条件夏季 0.4 米/秒，冬季 0.2 米/秒。保证兔舍内有害气体含量控制在 (微升/升)：氨气＜30，二氧化碳＜3 500，硫化氢＜10，一氧化碳＜24。同时，应特别注意控制兔舍噪声及粉尘。

37. 母兔产前有何表现？怎样接产？

分娩前的母兔出现生理上和行为上的一系列变化，主要表现为：临产前数天，乳房肿胀，腹部下垂，外阴部肿胀、充血，阴道黏膜潮红、湿润；食欲减退甚至废绝，精神不安，频繁地出入产仔箱；临产前 1～2 天开始衔草、拉毛做窝。

母兔的分娩过程比较短，一般 15～30 分钟即可完成，在此时期应当做好接产工作，以提高仔兔的成活率，避免不必要的损失。重点做好以下几方面工作：

(1)保持兔舍安静　禁止人员观望或其他动物闯入兔舍，否则母兔受到惊扰会出现停产、死产、踏死或吞食仔兔的现象。

(2)供足清洁饮水　母兔的分娩过程伴随着大量体液流失，同时母兔分娩后有吃掉胎衣、胎盘的习性，如果此时得不到饮水的供应，就会因口渴而吞食仔兔。因此，要为分娩母兔提供充足的饮水，水中可加入适量食盐或红糖。

（3）加强仔兔保温工作　初生仔兔，全身裸露，体温调节功能不完善，易受外界环境的影响，环境温度过低，常常会导致初生仔兔冻死、冻伤。因此，要注意新生仔兔的保温工作。

38. 为什么说母兔妊娠后期是危险期？

母兔的妊娠后期是指母兔受胎 19 天至分娩，在此阶段胎儿处于快速生长发育阶段，增重速度加快，胎儿体重的 90% 是在妊娠后期积累的，饲养管理不当容易引起胚胎发育不良、流产等不良后果。因此，母兔妊娠后期是一个危险阶段。从饲养管理上应注意做好以下工作：

（1）加强饲养　妊娠期应给予母兔富含蛋白质、维生素和矿物质的饲料。蛋白质是构成胎儿的重要营养成分，矿物质中的钙和磷是胎儿骨骼生长所必需的。如饲料中蛋白质不足，则会引起仔兔死胎增多，初生重降低，生活力减弱；维生素缺乏，会导致畸形、死胎与流产；矿物质缺乏会导致仔兔体质瘦弱，死亡率增加。

（2）保胎防流　根据造成母兔流产的原因大致可以将流产分为以下几类。

第一，营养性流产。主要是饲料搭配不当，过于单一，营养价值不全，营养不良等。母兔日粮中缺乏蛋白质、矿物质（如钙、磷、硒、锌、铜、铁等）、维生素，尤其是缺乏胡萝卜素和维生素 E 时，容易导致胎儿发育终止，引起流产，产出弱胎、软胎或僵胎。维生素和矿物质缺乏时，妊娠母体对生活环境的适应性及对疾病的抵抗力降低，也会引起死胎流产。维生素 A 缺乏时，对上皮组织功能失去促进作用，往往导致子宫黏膜和绒毛膜的上皮细胞角质化、脱落，使胎盘的功能缺乏"黏合性"，胎膜容易脱离，造成死胎。维生素 E 缺乏时，胚胎发育初期即死亡，被兔吸收，俗称"化崽"。妊娠后期缺乏维生素 E 时易早产。矿物质钙、磷缺少或微量元素硒、锌、铜、铁缺乏时,胎儿营养补给不足,易引起胎儿发育中断或产弱胎和畸形胎。妊娠期饲料骤变,刺激胎儿营养吸收,也易引起死胎和流产。预防此类流产可以采取加强饲养、保证营养物质全面均衡供应的措施。

第二,机械性流产。主要是由于母兔妊娠期间管理不当导致的,如摸胎粗暴、母兔受到惊扰、笼具不整等因素导致。因此,在生产中应当加强对妊娠后期母兔的管理,摸胎手法应熟练、快速、准确,妊娠后期一般不能随意捕捉、摸胎,保持环境安静、杜绝外来人员参观等防止母兔受到惊扰,及时整理兔笼,清理兔笼的毛刺、毛边防止机械性损伤。

第三,中毒性死胎流产。包括母兔采食品质不良饲料如发霉、腐败、冰冻的饲料,也包括带有毒性物质的饲料如农药污染的饲料、菜籽苷、棉酚等有毒物质食入过量等饲喂方面的问题。除此之外,用药不当也会导致母兔流产,如投喂大量泻药、利尿药、子宫收缩药,及妊娠期间疫苗免疫均有可能导致母兔流产。针对上述原因应确保饲料品质优良,家兔疾病诊治应合理选择药物,尽量避免在妊娠后期进行免疫注射。

第四,疾病性流产。当妊娠母兔患有以下疾病时极有可能出现流产:兔瘟、流感、痘病、流行性异性脑炎、巴氏杆菌病、沙门氏菌病、魏氏梭菌病、大肠杆菌病及各种寄生虫病等。另外,家兔患有严重的梅毒病、恶性阴道炎、子宫炎等生殖器官疾病时,不容易交配受精,即使受精也常因胚胎中途死亡而致流产。因此,在妊娠母兔饲养中一定要加强环境控制,积极预防各种疾病。

39. 围产期母兔如何饲养管理?

围产期指的是母兔临产前 3~5 天至分娩后 3~5 天这段时间。为了保证母兔和仔兔的健康,应精心饲养,加强护理。临产前

3 天应当减少母兔精饲料的喂量,增加青绿饲料的喂量,以免产后奶水过多,仔兔吃不完而诱发乳房炎。另外根据预产期提前 3 天准备好产仔箱,将产仔箱内清理、消毒、日晒,然后铺上柔软的垫草,放入母兔笼内。

分娩时保持兔舍及周围环境的安静。分娩后及时提供清洁饮水,因母兔分娩后口渴,如无供水会咬伤甚至吃掉仔兔。生产中为了防止母兔食仔,可给母兔提供温糖盐水或稀米汤,以便催乳和防止食仔。

分娩后 3 天内饲喂以青绿饲料为主,少喂精饲料,因为母兔刚刚分娩,消化器官处于复位阶段,消化功能差,乳房水肿,精饲料过多会导致乳汁分泌过多而引发乳房炎。产后 3 天内给母兔投喂药物(如长效磺胺 1 片,2 次/天),也是预防乳房炎的良好措施。

注意观察母兔泌乳情况,如泌乳不足可采取人工催乳。人工催乳可直接喂给牛奶、羊奶、花生米。也可喂给王不留行、通草等中草药,或人用中成药"催乳片",每次 2 片,每天 2 次,连用 3 天,或喂给洗净的蚯蚓来催乳。

40. 怎样提高母兔泌乳力?

母兔泌乳力的高低,直接影响仔兔的成活率和生长速度,是母兔繁殖率的一个重要指标。母兔的泌乳力受众多因素的制约,应从遗传、营养、环境和管理技术等多方面入手。

(1)科学选种 母兔的泌乳力存在种间差异,即使在同一品种内不同的个体的泌乳量也有很大的差异。因此,在选择种用母兔时应建立种兔档案,对种兔的生产性能进行测定和记录。根据生产记录选择泌乳量大的母兔及其后代作种,淘汰那些泌乳量低的母兔。

(2)合理营养 饲料营养是家兔生长、生产的物质来源。母兔泌乳过程需要消耗大量的营养物质,充分保障营养供应是提高母兔泌乳力的前提和关键。泌乳母兔的饲料中,不仅要注意营养物质的含量,还应注意各营养物质之间的平衡。在保证能量、蛋白质水平充足的情况下,应注重维生素 A、维生素 D 和维生素 E、钙和磷、赖氨酸和蛋氨酸的补充。

(3)自由采食　实践表明,母兔的采食量越大,泌乳量就越高。一般来说,除了产仔后的最初 3～5 天适量限制母兔的采食量外,以后应让其自由采食。

(4)选用添加剂　保证营养供应充足的前提下,饲料中添加一些促乳物质是有效的。如稀土、维生素和微量元素添加剂、中药"催乳散"(王不留行 10 克,通草、穿山甲、白术各 3 克,白芍、当归、黄芪、党参各 5 克)等。

(5)控制环境　家兔的适宜生活条件为安静、光线暗淡、气候温暖、空气流通。任何形式的惊吓、应激对母兔的泌乳量都会产生不利影响,如噪声、陌生人的抚摸、动物的闯入、饲养人员的大声呵斥,甚至动手打兔等都会使母兔的泌乳量立即下降。因此,应给母兔提供一个稳定而舒适的环境。

(6)加强管理　对于泌乳期的母兔,应精心饲养管理。除了保证饲料供应外,饲料配合比例应保持相对稳定,不可随意改变。应保证自由饮水,冬季可饮用温水。兔舍应保持卫生、干燥、空气新鲜。

(7)预防乳房炎　母兔一旦患了乳房炎,不仅影响泌乳量,严重时将危及生命。母兔在产仔后 2～3 天内,饲料中应加入一些抗菌药物(如复方新诺明);兔笼和产仔箱保持卫生,不留任何的钉头和毛刺,防止机械造成的损伤。

41. 春季养兔应重点抓哪些工作?

春季是家兔繁殖的黄金季节,气温逐渐上升,光照时间逐渐变长。但同时春季的气候多变，青绿饲料也最为缺乏。生产中应根据春季的气候特点、饲料水平等做好饲养管理。重点做好以下工作：

(1)保证青绿饲料充足供应　家兔需要充足的维生素来维持其繁殖功能，而春季尤其是早春季节，青绿饲料极为缺乏。为了缓解这种矛盾，应当在早春季节给家兔补喂胡萝卜、豆芽等青绿饲料，以满足维生素的需要。

(2)注意气候变化、预防疾病　春季气温是一个回升的趋势，但往往会出现反复，上升中又有下降。气温不稳定、昼夜温差大是春季的一个显著特征。由于气温的波动，家兔往往会发生感冒、呼吸道疾病以及仔兔由于低温冻死。因此，春季养兔应关注气温变化，在做好通风换气工作的同时，仍然把保温作为工作的重点。

(3)加强营养、搞好春繁　春季是家兔的繁殖黄金时期，但同时也是家兔的换毛季节，营养消耗很大。因此，要保证家兔春季的良好繁殖，必须对其加强营养，充分满足其繁殖、换毛的营养需要，促使其恢复体况，及早配种繁殖，确保春季繁殖2～3胎。

42. 怎样使家兔安全度夏？

"严冬易度，酷暑难熬"。夏季气温高、湿度大，是家兔一年中发病率和死亡率最高的季节。因此，夏季的主要饲养管理工作就在于防暑降温。

(1)兔舍通风　良好的通风是兔舍防暑降温的主要措施，不仅能驱散舍内产生和累积的热量，还能带走家兔机体本身的热量。兔舍通风应充分利用自然风。保证兔舍建筑开阔，兔间距较大（一般为兔舍高度的2倍或以上）。兔舍的朝向应根据当地夏季的主风向确定。如自然通风不足还可以采用机械通风加以辅助。

(2)兔舍遮阴　采取加宽屋檐，舍外植树、种植攀缘植物、设置挡阳板、遮阳网等措施。但这与兔舍内采光、通风有一定矛盾,应根据兔场条件不同全面考虑,妥善解决。

(3)兔舍隔热　夏季热量的来源主要是太阳的辐射热,采取隔热效果好、吸热能力差的材料,有利于减少辐射热的吸收、传导。兔舍的墙壁应当涂为白色,现代兔舍承重能力强还可以采取屋顶铺塑料布灌水的形式。

(4)降低饲养密度　每只兔体都要不断进行新陈代谢,不断向周围散发热量。在寒冷季节或气候适宜时期,这一产热无须考虑,但在炎热的夏季无疑会加重兔的热应激。因此,应当合理地降低兔舍的饲养密度。

(5)饲料合理　炎热季节家兔食欲降低,采食量减少,但同时高温应激又导致其能量消耗增多。为了保证此时期家兔的营养需要,在日粮配合时可以使用脂肪代替部分碳水化合物,从而增加能量浓度,在家兔少食的情况下满足其能量需要的同时降低兔体产热量。同时,增加蛋白质、维生素、矿物质等营养物质浓度,充分满足夏季家兔各方面的营养需要。

(6)控制繁殖　炎热季节进行家兔繁殖,无论对种公兔还是种母兔都是不利的。种公兔在炎热季节会导致睾丸体积缩小,精液品质下降,即种公兔的夏季不育,如强行让其繁殖则受胎率低。因此,种公兔夏季繁殖达不到预期效果,还会导致体力损耗大,不利于秋季配种。种母兔受胎后,由于代谢负担加重,热应激更大,往往导致采食量大幅度下降,机体动员脂肪供能,出现妊娠母兔毒血症。因此,在高温季节如果没有良好的控温机制,最好不安排家兔繁殖。

(7)兔舍降温　常用的兔舍降温方法有喷雾冷却法和蒸发冷却法两种。两种方法都能够通过兔舍内水分的蒸发,吸收带走兔舍内的热量,但应注意这些方法只能在室内空气干燥、通风良好的条件下使用。否则,会加剧高温环境对兔体的不良影响。

(8)合理饲喂　夏季为了促使家兔多吃食,饲喂时间可以进行调整,中午气候炎热,家兔食欲差,可以少喂或不喂,保证家兔充足休息。而清晨、傍晚是一天当中气温较低的时间,家兔应激小,因此早饲要早、晚饲要晚、晚上要多喂;还要注意多喂青绿饲料,供给充足饮水。

43. 秋季家兔如何饲养管理?

秋季天高气爽、气候适宜,饲料饲草资源丰富,是家兔饲养的适宜的繁殖时期。但秋季也是家兔的一个换毛季节,家兔体质较差,食欲减退。因此,饲养管理的重点在于加强营养,保证繁殖。

(1)调整繁殖群　每年初秋对种兔群进行一次全面调整,及时将3岁以上老龄兔、繁殖性能差、病残兔等无种用价值的兔淘汰,选留优秀后备兔补充种兔群。

(2)加强营养做好秋繁　在进入秋季前15～20天调整日粮结构。加强营养,重点补充品质优良的蛋白质和富含维生素的青绿饲料。为提高公兔性欲、促进母兔发情,可每天补喂1粒维生素E胶囊,连喂7～15天,公兔还可每天补喂1/5～1/3个鸡蛋。

(3)预防疾病　秋季是疾病多发的季节,应做好兔瘟、巴氏杆菌、波氏杆菌、魏氏梭菌等病的防疫,同时继续加强对球虫病的预防。

44. 冬季养兔注意什么?

冬季的主要特征是气温低、日照时间短,青绿饲料缺乏。但同时冬季病原微生物增殖缓慢,对家兔威胁较小;环境控制适宜、青绿饲料供应充足的条件下,冬季仍不失为家兔繁殖的良好季节。因此,冬季家兔饲养的主要工作就是在做好保温防寒工作的同时,加强饲养管理,适当冬繁。

(1)**防寒保暖** 入冬前做好兔舍的维护,堵塞墙洞,封严主风向窗户,有条件的兔场还可以挂窗帘。舍内重点解决通风换气与保温的矛盾。适当增加饲养密度,注意保证兔舍内干燥。

(2)**冬繁冬配** 针对冬季对冬繁的不利条件,保证温度和补充维生素饲料,就能够使家兔在冬季有良好的繁殖性能。实践证明,在良好的饲养管理条件下,室内兔舍温度达到 10℃ 以上即可正常冬繁。保证温度的同时还应注意维生素饲料的补充,可以用谷物类作物种子发芽、胡萝卜等青绿饲料饲喂,如青绿饲料不足,可按标准的 2 倍补加维生素添加剂。为了促进家兔的繁殖性能,冬季可人工补充光照,使兔舍的光照时间达到每天 14～16 小时。

七、疾病防治

1. 家兔疾病的主要特点是什么?

家兔的疾病种类很多,大大小小有100多种。如果翻开兔病防治的著作从头到尾阅读,会让一些刚刚从事养兔的新手头痛不已:这么多的疾病怎样识别?复杂的兔病怎样防治?其实,兔病尽管不少,但是有规律可循。其特点如下:

第一,家兔是一种弱小的动物,对疾病的抵抗力较差,一旦发病,则难以治疗。即使治愈,也严重影响生长发育和以后的生产性能。因此,不要把兔病的控制寄托在治疗上。

第二,家兔的疾病尽管有100多种,但对家兔生产造成威胁的疾病不足疾病总数的20%。也就是说,80%以上的兔病是不常见的,或威胁不大的。只有不足20%的疾病对家兔生命和生产产生严重影响,只要将这些疾病控制好了,兔群的健康基本得到保证。

第三,家兔的不同系统均有多种疾病,但生产中最为常见的疾病为消化系统和呼吸系统疾病。其中,消化系统疾病占总发病数的60%左右,呼吸系统疾病占20%左右,其他系统的疾病不足20%。因此,生产中应重点控制消化系统和呼吸系统疾病。

第四,家兔的消化系统疾病多与"饮食"有关,把握好"入口关"就等于抓住了控制消化系统疾病的关键。

第五,呼吸系统疾病多与环境中的空气质量有关,提高兔舍的空气质量,注意通风和降低湿度,就等于抓住了控制呼吸系统疾病的关键。

2. 为什么说要提倡"防病不见病，见病不治病"？

过去笔者到一些兔场指导或在培训班讲课，兔农最为关心的是兔病怎么治疗，提问问题最多的也是兔病治疗。实际生产中，兔病确实为兔场带来很大的损失，也是一些兔场最为棘手的问题。但是，如果把兔病的治疗作为工作的重点，那将是兔病常见，麻烦不断。正如人们总结的那样"治重于防，买空药房；防重于治，平安无事"。

伴随着规模化养兔的进程，兔病的预防工作显得更为重要。根据"防重于治"的基本精神，笔者提出规模化兔场对于传染性疾病的基本原则："防病不见病，见病不治病"

家兔是一种弱小的动物，对疾病的抵抗力较差。多数疾病，尤其是传染性疾病，往往是发病急，死亡快，根本来不及治疗，多数以死亡告终。即使采用昂贵的药物去抢救，基本上是劳民伤财，不是死亡，就是愈后不良，很可能成为病原菌的携带者和日后的传染源。对于一个兔场，淘汰一只患病家兔，远远比治疗一只患兔的意义大得多、安全得多、经济上合算得多。

一个有远见和谋略的兔场经营管理者，对于兔病的防治工作的辩证关系应该非常清晰。平时做好疾病的预防工作，尽量不让兔发病，起码不发生大面积的烈性传染性疾病。一旦个别家兔患病，应毫不吝惜地处理，不留后患。

3. 预防疾病从饲料方面应注意什么？

家兔疾病的 60% 以上是消化道疾病，而大多数消化道疾病都与饲料有直接或间接的关系。因此，抓好饲料，就等于养兔成功了一半。从预防疾病的角度，在饲料方面应抓好以下几个问题：

(1)把好饲料原料关　很多饲料出现问题,多数发生在饲料原料上。要把好饲料原料的关键点:严格检查,禁止购入霉变饲料;严格控制含水率,防止饲料原料在贮存过程中的霉变;严格控制含杂率;严格检测每种原料每一批次的主要营养含量。

(2)科学合理的饲料配方　保证营养的全价性、合理性和廉价性。尤其要注意粗纤维的含量,不可过低,否则容易诱发肠炎;同时也不可过高,否则会严重降低饲料营养的利用率,降低生产性能。一般来说,粗纤维含量控制在 12%～14%。

(3)保持饲料的相对稳定　不可轻易改变饲料配方,也不要轻易更换不同厂家的饲料。必须更换时要逐渐过渡。

(4)严格药物添加剂的使用　尽量不用药,或使用允许添加的预防性药物。如抗球虫药物添加剂,要严格按照用药程序添加,明确停药期。同时,应时刻注意耐药性的产生。

(5)搅拌要均匀　对于小型饲料加工机械,特别是家庭兔场没有搅拌设备,使用铁锨翻动几次,对于一些微量成分,特别是药物和添加剂,难以搅拌均匀,容易出现中毒现象。

(6)控制有毒性饲料用量　如棉饼类、菜籽粕等。

(7)防止饲料营养损失　如在加工、晾晒、保存、运输和饲喂过程中发生营养的破坏和质量的变化,特别是日光暴晒造成维生素的破坏、贮存时间过长、遭受风吹雨淋、被粪便或有毒有害物质(如动物粪便)污染等。

4. 预防疾病从管理方面应注意什么?

(1)饲养健康兔群　无论是自己培育种兔,还是从外地引进的良种,基础群的健康状况至关重要。如果基础打不好,后患无穷!一般而言,应坚持自繁自养的原则,有计划有目的地从外地引种,进行血缘的更新。引种前必须对提供种兔的兔场进行周密的调查,对引进种兔进行检疫。

(2)提供良好环境　根据家兔的生物学特性,提供良好的生活环境。比如,在兔场建筑设计和布局方面应科学合理,清洁道和污染道不可混用和交叉,周围没有污染源;严格控制气象指标,如温度、湿度、通风、有害气体等;避免噪声、其他动物的闯入和无关人员进入兔场。

(3)把好入口关　主要是饲料和饮水的安全卫生。

(4)制定合理的饲养管理程序　根据家兔的生物学特性和本场实际,以兔为本,人主动适应兔,合理安排饲养和管理程序,并形成固定模式,使饲养管理工作规范化、程序化、制度化。

(5)主动淘汰危险兔　原则上讲,兔场不治病,有了患病兔(主要是指病原菌引起的传染病)应立即淘汰。但是,目前我国多数兔场还做不到这一点。理论和实践都表明,淘汰一只危险兔(患有传染病的兔)远比治疗这只兔的意义大得多。

5. 兔场的消毒如何进行?

兔场消毒分为场所消毒(进场、舍门口、场区环境、兔舍)、用具设备消毒、工作人员自身消毒和特殊时期的消毒。

(1)门口车辆消毒　进入场区的车辆必须经过消毒后方可进入场内。兔场大门口过去多设置车辆消毒池,池的长度等于汽车轮胎周长的 2.5 倍,池深度大于 15 厘米或汽车轮胎厚度的一半。池内投放消毒液,如稀碱液、来苏儿等。但由于这种消毒池长期暴露,消毒液蒸发、尘土混入或受到雨浸的影响,常常达不到消毒效果,经济上也不划算。因而,大型养殖场多用车辆消毒通道,或高压消毒枪。

(2)入口人员物品消毒　养殖场区要设置人员入口消毒通道,经过更衣(必须配有帽子和胶鞋)、洗手消毒和脚踏消毒后方可进人。一些兔场设置紫外线灯消毒,其消毒效果与距离和时间有关,远距离和短时间不起作用,长时间近距离对人皮肤有副作用。因此,建议物品消毒使用紫外线灯。

（3）兔场场区　平时注意卫生,保持清洁,防止污物、污水污染,定期清扫。设置绿化带,根据疫病发生情况,进行场区消毒。无特殊情况,1年4次即可。

6. 中小型兔场的免疫程序如何？

对于基础母兔 500 只左右的兔场,发生呼吸道疾病的频率较高。因此,除了控制兔瘟以外,应将呼吸道疾病的防疫作为另一重点。总结多年实践体会以及众多兔场的实践经验,制定该类型兔场的免疫程序(表 15)。

表 15　中小型兔场免疫程序

日　龄	预防疾病	疫苗(药物)种类	使用方法	剂　量	备　　注
30～35	呼吸道疾病	巴氏—波氏二联苗	颈部皮下	2毫升	配合通风降湿和微生态制剂应用
35～40	兔　瘟	兔瘟灭活苗	颈部皮下	2毫升	根据母源抗体和断奶时间决定首免时间,最晚不超过45日龄首免
55～60	兔　瘟	兔瘟灭活苗	颈部皮下	1毫升	加强免疫,首次免疫20天后注射
30～85	球虫病	球净或其他药物	拌　料	0.25%	提倡中药制剂,连续使用
成　年	兔　瘟	兔瘟灭活苗	颈部皮下	1～2毫升	每年注射2～3次

7. 兔病的一般临床检查有哪些项目？

(1)**精神状态** 健康兔精神状态良好,对外界刺激做出相应的反应,如两耳转动灵活,眼睛明亮,嗅觉灵敏,行动自如,受到惊恐,随即后足拍打笼底板,不安或在笼内窜动。当患病时,有两种情况,一是沉郁,如嗜睡,对外界反应冷漠,动作迟缓,独立一角,头低耳耷,目光呆滞,暗淡无光,严重时对刺激失去反应,甚至昏迷;二是兴奋,如惊恐不安,狂奔乱跳,转圈,颤抖,啃咬物体等(如急性型兔瘟),或尖叫,角弓反张(如急性肠球虫病)等异常表现。

(2)**姿势** 健康兔起卧、行动均保持固有的自然姿势,动作灵活协调。病理状态下表现异常的姿态姿势,如患呼吸道疾病时呼吸困难,仰头喘气;发生胀气时,腹围增大,压迫胸腔,造成呼吸困难,眼球发紫,流口液等;患有耳癣病时,耳朵疼痛,用爪挠抓或摇头甩耳;患有脚癣或脚皮炎时,两后肢不敢着地,呈异常站立、伏卧,重心前移或左右交换负重等;当发霉饲料中毒、马杜拉霉素中毒时,四肢瘫软,头触地;当脊柱受伤或肝球虫病后期时,后肢瘫痪,前肢拖着后肢前行等。

(3)**营养与被毛** 主要根据肌肉丰满程度、体格大小、被毛光泽和皮肤弹性等做出综合判断。患有急性病而死亡者,体况多无大的变化,而患慢性消耗性疾病(如寄生虫病、结核或伪结核等)或消化系统疾病,多骨瘦如柴,体格较小,被毛容易脱落;健康兔被毛光滑,而营养缺乏,被毛无光,患有皮肤病(尤其是皮肤霉菌病)时,被毛有块状脱落现象;当患有肠炎腹泻时,由于脱水而使皮肤失去弹性。皮肤检查应注意温度、湿度、弹性、肿胀、外伤、被毛的完整性、结痂、鳞屑和易脱落情况等。

(4)**体温测定** 体温测定采取肛门测温法。将兔保定,把温度计(肛表)插入肛门3.5～5厘米,保持3～5分钟。家兔正常的体温为 38.5℃～39.5℃。当患有兔瘟、巴氏杆菌病等传染病时,体温多升高,患有大肠杆菌病、魏氏梭菌病等,体温多无明显变化,患有慢性消耗性疾病时,体温多低于正常值。测定温度时应注意时间(中午最高,晚上最低)、季节(夏季高,冬季低)和兔的年龄(青年和壮年兔高,老年兔低)。

(5)脉搏测定 可在左前肢腋下、大腿内侧近端的股动脉上检查,或直接触摸心脏,或用听诊器,计数 1 分钟内心脏跳动的次数。测定脉搏次数应在兔子安静下来后进行。健康兔的脉搏为每分钟 120～150 次。当患有热性病、传染病、疼痛或受到应激时,脉搏数增加。脉搏次数减少见于颅内压升高的脑病、严重的肝病及某些中毒症。

(6)呼吸测定 观察胸壁或肋弓的起伏次数。一般健康兔的呼吸次数为每分钟 50～60 次,幼兔稍快,妊娠、高温和应激状态均使呼吸增数。病理性呼吸次数增加见于呼吸道炎症、胸膜炎及各型肺炎、发热、疼痛、贫血、某些中毒性疾病和胃肠臌气;呼吸次数减少见于体质衰弱、某些脑病、药物中毒等。呼吸次数与体温、脉搏有密切联系,一般而言,体温升高多伴随呼吸的加快和脉搏的增数。

8. 病理剖检主要注意哪些问题?

生产中,兔病的诊断主要根据临床表现和病理剖检。不少疾病,通过对病兔或死兔的剖检,根据其特征性的病变,结合流行病学特点和临床表现,即可做出初步诊断,并及早采取措施,为疾病的有效控制赢得时间,减少损失。

剖检前应检查可视黏膜、外耳、鼻孔、皮肤、肛门等部位的变化。剖检时,将尸体固定于剖检台上或瓷盘内,腹部向上。沿腹中线剖开腹腔,观察内脏和腹膜,然后剖开胸腔、剪开心包膜,观察心脏、肺脏和胸腺的变化。继续将颈部皮肤剖开,分离出气管、喉头、食管和舌等,也可将气管及心肺同时取出,将脾、网膜、胃和小肠一起摘出,大肠单独摘出,分离肝、肾、膀胱及生殖器官等,取出后对各器官进行认真观察。主要观察颜色、大小,是否有水肿、出血、充血和淤血、坏死和结节,以及脏器实质及消化道内容物的状态,注意特征性变化。例如,魏氏梭菌病的典型病变是盲肠出血,肝球虫的特征性病变是肝脏有白色球虫结节,伪结核的特征性病变是盲肠蚓突肿胀如腊肠。注意将个别器官的病变和整体病变相联系。如兔瘟的病变是全身实质脏器充血、出血和水肿。如需要检查脑,则剖开颅腔。

9. 兔瘟临床症状如何？怎样防控？

兔瘟是由兔病毒性出血症病毒引起的一种家兔烈性传染性疾病,以 3 月龄以上的青年兔和成年兔为主,一年四季发病,各品种类型的家兔均易感,是目前对家兔威胁最为严重的疾病。

(1)临床症状　兔瘟的典型临床类型有 3 种,分别是最急性型、急性型和慢性型。

①最急性型　病兔未出现任何症状而突然死亡或仅在死前数分钟内突然尖叫、挣扎和抽搐,有些患兔从鼻孔流出泡沫状血液。该类型多见于流行初期。

②急性型　病兔精神委顿,食欲减退或废绝,饮欲增加,呼吸急迫,心跳加快,体温升高(41℃～42℃),可视黏膜和鼻端发绀,有的出现腹泻或便秘,粪便粘有胶冻样物,个别病兔排血尿,迅速消瘦。后期出现短时兴奋,如打滚、尖叫、狂奔乱撞,颤抖、倒地抽搐,四肢呈划水姿势,病程 1～2 天。

③慢性型　多发生于流行后期和 1.5～2 月龄的幼兔,出现轻度的体温升高、精神不振、食欲减退、消瘦及轻度神经症状。有些患兔可耐过而逐渐康复。

（2）病理变化　胸腺水肿出血；气管和喉头有点状和弥漫性出血，肺水肿，有出血点、出血斑、充血；肝肿大、质脆，呈土黄色，有的淤血呈紫红色，土黄色坏死区与正常区域条块状交错成为本病的典型特征；脾肿大、充血、出血、质脆；肾肿大呈紫红色，常与淡色变性区相杂而呈花斑状，有的见有针尖大的出血点；多数淋巴结肿大，有的可见出血；心外膜有出血点；直肠黏膜充血，肛门松弛，有胶冻样黏液附着。有 3%～5% 的急性病例鼻腔流出泡沫状鲜血，往往发生在发病的初期。如果仍然不能确定，可通过人的 O 型红细胞凝集实验判断。

（3）诊断要点　生产中对于兔瘟的诊断，主要通过临床表现和病理解剖。一是发病的主体是青壮年兔，具有较典型的临床症状（几种类型之一或兼而有之）；二是任何药物治疗都毫无效果；三是以出血和水肿为特征的全身脏器的病理变化：肝脏变性，胸腺肿大，有出血斑或出血点。

（4）防控措施　兔瘟没有任何治疗药物，事实上即便有药物治疗其意义也不大，做好预防工作至关重要。注射兔瘟疫苗可有效预防兔瘟。根据生产经验和科学实验，兔瘟的免疫时间不可过早（幼兔对疫苗不敏感），也不可过晚（有发生早期感染的危险）。以 40～45 日龄首免为宜，每只颈部皮下注射 2 毫升。首次免疫之后 20 天，再加强免疫一次，每只 1 毫升。此后每年免疫 2～3 次。近年来，兔病毒性出血症的发病出现幼龄化，各兔场应该根据本场实际制定免疫程序。

兔场一旦发生兔瘟，应尽早封锁兔场，隔离病兔。兔场饲养人员不要随意出入兔场，场外人员也不应进入兔场。尤其是禁止小商小贩进入兔场进行兔皮和兔肉的交易；死兔深埋或烧毁，兔舍、用具和环境彻底消毒；及时上报当地畜牧兽医主管部门，以便采取必要的行政手段控制病情蔓延。除此之外。采取三条措施：

第一，注射高免血清。为治疗兔瘟的特效药物，针对性强，见

效快,效果好,但成本高,货源缺;

第二,注射干扰素,每只肌内注射 1 毫升,次日再注射 1 毫升,以干扰兔瘟病毒的复制,在发病初期有效。但疫病过后仍然需要注射疫苗;

第三,兔瘟疫苗紧急预防注射,每只幼兔皮下注射 3 毫升,成年家兔注射 4 毫升,3 天后逐渐控制病情,7 天后产生坚强免疫力。

10. 巴氏杆菌病有何特点? 怎样防治?

兔巴氏杆菌病是由多杀性巴氏杆菌引起的急性传染性疾病,是危害养兔业的重要疾病之一。根据感染程度、发病急缓及临床症状分为不同的类型,其中以出血性败血症、传染性鼻炎、肺炎等类型最常见。多杀性巴氏杆菌存在于病兔的各组织、体液、分泌物和排泄物中,在健康家兔的上呼吸道中也常有本菌存在,为本病的主要传染源。一年四季均可发生,以春、秋季节发病较多,2~6 月龄兔发病率最高。健康家兔一般情况不发病,但由于饲养管理不当、卫生差、通风不良、饲草饲料品质不好或被病菌污染、长途运输、密度过大、气候突变以及各种因素引起的抵抗力下降等均可引发本病流行,也可继发于其他疾病。本病多呈散发或地方性流行,发病率 20%～70%,急性病例死亡率高达 40%以上。

(1)临床症状　本病潜伏期少则数小时,多则数日或更长,由于感染程度、发病急缓以及主要发病部位不同而表现不同的症状。

①出血性败血症　即最急性型和急性型。常无明显症状而突然死亡,时间稍长可表现精神委顿,食欲减退或停食,体温升高,鼻腔流出浆液性、黏液性或脓性鼻液,腹泻。病程数小时至 3 天。并发肺炎型体温升高,食欲减退,呼吸困难,咳嗽,鼻腔有分泌物,病程可达 2 周或更长,最终衰竭死亡。

②鼻炎型(传染性鼻炎)　鼻腔流出黏液性或脓性分泌物,呼

吸困难,咳嗽,发出"呼呼"的吹风音,不时打喷嚏,可视黏膜发绀,食欲减退。病程较长,一般数周或几个月,成为主要传染源。如治疗不及时多转为肺炎或衰竭死亡。

③肺炎型 多由急性型或鼻炎型转变而来,或长时间轻度感染发展而至。病兔鼻腔流出浆液性分泌物,后转变为黏液性或脓性,黏结于鼻孔周围或堵塞鼻孔,呼吸轻度困难,常打喷嚏,咳嗽,用前爪搔鼻,食欲不佳,进行性消瘦。最后呼吸极度困难,头上扬仰脖呼吸。如果发展到这个程度,说明肺部已经严重受损,任何药物也难以治疗。

④中耳炎型 又称斜颈病(歪头症),是病菌扩散到内耳和脑部的结果。其颈部歪斜的程度不一样,发病的年龄也不一致。有的刚断奶的仔兔就出现头颈歪斜,但多数为成年兔。严重的患兔,向着头倾斜的一方翻滚,一直到被物体阻挡为止。由于两眼不能正视,患兔饮食极度困难,因而逐渐消瘦。病程长短不一,最终因衰竭而死。

⑤结膜炎型 临床表现为流泪,结膜充血、红肿,眼内有分泌物,常将眼睑粘住。

⑥脓肿、子宫炎及睾丸炎型 脓肿可以发生在身体各处。皮下脓肿开始时,皮肤红肿、硬结,后来变为波动的脓肿。子宫发炎时,母体阴道有脓性分泌物。公兔睾丸炎可表现一侧或两侧睾丸肿大,有时触摸感到发热。

(2)病理变化 因发病类型不同而不同,常以2种以上混发。鼻炎型主要病变在鼻腔,黏膜红肿,有浆液性、黏液性或脓性分泌物。急性败血型死亡迅速者常变化不明显,有时仅有黏膜及内脏的出血,如肺部出血、肝脏有坏死点等;并发肺炎时,除鼻炎病变外,喉头、气管及肺脏充血和出血,消化道及其他器官也出血,胸腔和腹腔有积液。如并发肺炎,可引起肺炎和胸膜炎,心包、胸腔积液,有纤维素性渗出及粘连,肺脏出血、脓肿。肺炎型主要出现肺部与胸部病变。

（3）诊断要点　根据散发或地方性流行特点、临床症状及病理变化做出初步诊断，必要时进行细菌学检查确诊。

生产中常用煌绿滴鼻检查法判断是否为巴氏杆菌携带者。用0.25%～0.5%煌绿水溶液滴鼻，每个鼻孔2～3滴，18～24小时后检查，如鼻孔见到化脓性分泌物者为阳性，证明该兔为巴氏杆菌病患兔或巴氏杆菌携带者。

（4）防治措施

①本病以预防为主，兔场应自繁自养，必须引种时要做好隔离观察与消毒，加强日常管理与卫生消毒，定期进行巴氏杆菌灭活苗接种，每兔皮下注射或肌内注射1～2毫升，注射后7天左右开始产生免疫力，一般免疫期4个月左右，成年兔每年可接种3次。由于鼻炎型和肺炎型病例多由巴氏杆菌和波氏杆菌等混合感染，因此建议使用巴氏杆菌—波氏杆菌二联苗，效果更好。

②保持卫生、通风和干燥是预防本病的最重要措施。发病兔场应严格消毒，死兔焚烧或深埋，隔离病兔。

③药物治疗：青霉素5万～10万单位、链霉素10万～20万单位，一次肌内注射，每日2次；庆大霉素4万～8万单位，肌内注射，每日2次；磺胺嘧啶钠每千克体重0.1～0.2克，肌内注射，每日2次，连用3～5天。也可用土霉素、庆大霉素、氟苯尼考、磺胺类药物、氧氟沙星和恩诺沙星等药物。

11. 波氏杆菌病有什么特点？怎样控制？

本病又叫兔支气管败血波氏杆菌病，是由支气管败血波氏杆菌感染引起的呼吸道传染病，并常与巴氏杆菌病、李氏杆菌病并发。多发于气候多变的春、秋季节，保温措施不当、气候骤变、感冒、兔舍通风不良、强烈刺激性气体的刺激等诸多应激因素，使上呼吸道黏膜脆弱,易引起发病。病兔及带菌兔是本病的主要传染源。鼻炎型多呈地方性流行,支气管肺炎型多为散发。

(1)临床症状 成年兔一般为慢性经过,仔兔和青年兔多为急性经过。一般病兔表现为鼻炎型、支气管肺炎型和内脏脓肿型3类。

①鼻炎型 病兔精神不佳,闭眼,前爪抓搔鼻部;鼻腔黏膜充血,流出多量浆液性或黏液性分泌物,很少出现脓性分泌物,鼻孔周围及前肢湿润,被毛污秽。病程较长者转为慢性。

②支气管肺炎型 多由鼻炎型长期不愈转变而来,呈慢性经过,表现消瘦,鼻腔黏膜红肿、充血,有多量的黏液流出,并可发展为脓性分泌物,鼻孔形成堵塞性痂皮,不时打喷嚏,呼吸加快,不同程度的呼吸困难,发出鼾声,食欲不振,进行性消瘦,病程可长达数月。

③内脏脓肿型 多发生在肺部,有大小不等的化脓灶,外包一层结缔组织,内含有乳白色脓汁,黏稠如奶油;有的病例在肋膜上可见到脓疱,有的在肝脏表面有黄豆大至蚕豆大甚至更大的脓疱,有的病例在肾脏、睾丸和心脏也形成脓疱。

(2)病理变化 早期病兔鼻咽黏膜出现卡他性炎症病变,充血,肿胀,慢性病兔出现化脓性炎症。支气管肺炎型病兔在支气管和肺部出现不同程度的炎性病变,肺部和其他实质脏器有化脓灶。

(3)诊断要点 根据临床症状,结合流行特点及剖检变化可作出初步诊断,但要与巴氏杆菌病等相区别。巴氏杆菌一般肺部不形成脓疱,而波氏杆菌多形成脓疱。必要时通过微生物学检验确诊。

(4)防治措施 加强饲养管理,搞好兔舍清洁卫生,寒冷季节既要注意保暖,又要注意通风良好,减少各种应激因素刺激。高发地区应使用兔波氏杆菌灭活苗预防注射,每只肌内或皮下注射1毫升,7天后产生免疫力,每年免疫3次。由于鼻炎型和肺炎型病例多由巴氏杆菌和波氏杆菌等混合感染,因此建议使用巴氏杆菌—波氏杆菌二联苗,效果更好。

国内外大量的研究表明,巴氏杆菌和波氏杆菌往往混合感染,而临床表现极为相似。因此,预防和治疗这两种疾病同时进行。往往注射单一疫苗不起作用,若注射巴氏杆菌—波氏杆菌二联苗,可取得较满意效果。

发现病兔时,一般病兔及严重病例应及时淘汰,杜绝传染来源。对有价值的种兔应及时隔离治疗。卡那霉素,每千克体重5毫克,肌内注射,每日2次;新霉素,每千克体重40毫克,肌内注射,每日2次;磺胺嘧啶钠,每千克体重0.2~0.3克,肌内注射,每日2次,连用3~4天;庆大霉素,每千克体重2.2~4.4毫克,肌内注射,每日2次。

12. 大肠杆菌病有何特点? 怎样防治?

本病是由致病性大肠杆菌及其毒素引起的一种发病率、死亡率都很高的家兔肠道疾病。多发于出生乳兔、乳期仔兔和断奶后的幼兔。一年四季均可发病,饲养管理不良、饲料污染、饲料和天气突变、卫生条件差等导致肠道正常微生物菌群改变,使肠道常在的大肠杆菌大量繁殖而发病,也可继发于球虫病及其他疾病。

(1)临床症状 本病最急性病例突然死亡而不显任何症状,初生乳兔常呈急性经过,腹泻不明显,排黄白色水样粪便,腹部臌胀,多发生在生后5~7天,死亡率很高。未断奶乳兔和幼兔多发生严重腹泻,排出淡黄色水样粪便,内含有黏液。病兔迅速消瘦,精神沉郁,食欲废绝,腹部臌胀,磨牙。体温正常或稍低,多于数天内死亡。

(2)病理变化 乳兔腹部膨大,胃内充满白色凝乳物,并伴有气体;膀胱内充满尿液、膨大;小肠肿大、充满半透明胶冻样液体,并有气泡。其他病兔肠内有两头尖的细长粪球,其外面包有黏液,肠壁充血、出血、水肿;胆囊扩张,个别肺部出血。

(3)诊断要点　根据本病仔幼兔发生较多,腹泻、脱水、粪便中带有黏液性分泌物等症状,配合病理剖检做出初步诊断,通过实验室进行细菌学检验确诊。

(4)防治措施　仔兔在断奶前后饲料要逐渐更换,不要突然改变。调整饲料配方,使粗纤维含量在 $12\%\sim14\%$;平时要加强饲养管理和兔舍卫生工作。用本兔群分离到的大肠杆菌制成灭活疫苗进行免疫接种,$20\sim30$ 日龄仔兔肌内注射 1 毫升,可有效控制本病的流行。如已发生本病流行,应根据由病兔分离到的大肠杆菌所做药敏试验,选择敏感药物进行治疗。链霉素,肌内注射,每千克体重 10 万~20 万单位,每日 2 次,连用 3~5 天。也可用庆大霉素、诺氟沙星、土霉素等药物。使用微生态制剂对本病有良好的预防和治疗效果。严重患兔同时应配合补液、收敛、助消化等支持疗法。

在发病期间,控制精饲料喂量,干草、树叶等优质粗饲料自由采食,有助于本病的控制。轻症患兔不用药物也可逐渐好转。

13. 葡萄球菌病有何特点? 怎样防治?

引起家兔葡萄球菌病的病菌主要是金黄色葡萄球菌。此菌广泛存在于自然界,一般情况下不引起发病,在外界环境卫生不良、笼具粗糙不光滑、有尖锐物、笼底不平、缝隙过大等引起外伤时感染而发病,或仔兔吃了患葡萄球菌病母兔的乳汁而发病。

(1)临床症状　由于感染部位、程度不同,呈现不同的症状和类型:

①脓肿型　在家兔体表形成一个或数个大小不一的脓肿,全身体表都可发生。脓肿外包有一层结缔组织包膜,触之柔软而有

弹性。体表发生脓肿一般没有全身症状，精神和食欲基本正常，只是局部触压有痛感。如脓肿自行破溃，经过一定时间有的可自愈，有的不易愈合，有少数脓肿随血液扩散，引起内脏器官发生化脓病灶及脓毒败血症，促使病兔迅速死亡。

②乳房炎型　由乳房外伤或仔兔吃奶时损伤感染葡萄球菌引起急性乳房炎时，病兔全身症状明显，体温升高，不吃，精神沉郁，乳房肿大，颜色暗红，常可转移内脏器官引起败血症死亡，病程一般5天左右。慢性乳房炎症状较轻，泌乳量减少，局部发生硬结或脓肿，有的可侵害部分乳房或整个乳房。

③仔兔黄尿病　本病也是由于仔兔哺乳了患乳房炎母兔的乳汁，食入了大量葡萄球菌及其毒素而发病。整窝仔兔同时发病，排出少量黄色或黄褐色水样粪便，肛门周围及后肢潮湿，腥臭，全身发软，昏睡，病程2～3天，死亡率很高。

④仔兔脓毒败血症　由于产仔箱、垫草和其他笼具卫生不良，病原菌污染严重；或笼具表面粗糙，刺破仔兔皮肤而感染以葡萄球菌为主的病原菌。临床上仔兔出生4天后体表出现数个白色隆起的脓疱，似小刺猬。患兔生长发育受阻，多数死亡。幸存者发育差，成为僵兔，没有饲养价值。

（2）病理变化　主要在体表或内脏见到大小不一、数量不等的脓肿。乳房炎病兔乳房有损伤、肿大。仔兔黄尿病时肠黏膜充血、出血，肠内充满黏液；膀胱极度扩张，充满黄色或黄褐色尿液。脓毒败血症时全身各部皮下、内脏出现粟粒大到黄豆大白色脓疱。

（3）诊断要点　根据病兔体表损伤史、脓肿、母兔乳房炎症可做出诊断，必要时应做细菌学检验。

（4）防治措施　做好环境卫生与消毒工作，兔笼、兔舍、运动场及用具等要经常打扫和消毒，兔笼要平整光滑，垫草要柔软清洁，防止外伤，发生外伤要及时处理，发生乳房炎的母兔停止哺喂仔兔。

发生葡萄球菌病时要根据不同病症进行治疗。皮肤及皮下脓肿应先切开皮下脓肿排脓,然后用3%过氧化氢溶液或0.2%高锰酸钾溶液冲洗,然后涂以碘甘油或2%碘酊等。患乳房炎时,未化脓的乳房炎用硫酸镁或花椒水热敷,肌内注射青霉素10万～20万单位,出现化脓时应按脓肿处理,严重的无利用价值病兔应及早淘汰。已出现肠炎、脓毒败血症及黄尿病时应及时使用抗生素药物治疗,并进行支持疗法。

14. 魏氏梭菌病有什么特点?如何防治?

魏氏梭菌病又叫魏氏梭菌性肠炎,是由A型魏氏梭菌引起家兔的一种急性传染病,由于魏氏梭菌能产生多种强烈的毒素,患病后死亡率很高。

本病一年四季均可发生,以冬春季节发病率高,各年龄均易感,以1～3月龄多发,主要通过消化道感染,由于长途运输、饲养管理不当、饲料突变、精饲料过多、气候骤变和滥用抗生素等均可诱发本病。

(1)临床症状 有的病例突然死亡而不出现明显症状。大多数病兔出现急性腹泻,呈水样、黄褐色,后期带血、变黑、腥臭。精神沉郁,体温不高,多于12小时至2日死亡。

(2)病理变化 一般肛门及后肢沾污稀粪,胃黏膜出血、溃疡,小肠充满液体与气体,肠壁薄,肠系膜淋巴结肿大,盲肠、结肠充血、出血,肠内有黑褐色水样稀粪、腥臭,肝、脾肿大,胆囊充盈,心脏血管努张呈树枝状。急性死亡的病例胃内积有食物和气体,胃底部黏膜脱落。

(3)诊断要点 根据胃溃疡、盲肠条纹状出血、急性水样腹泻等做出初步诊断,通过细菌学检验确诊。

(4)防治措施 加强饲养管理,搞好环境卫生,对兔场、兔舍、笼具等经常消毒,对疫区或可疑兔场应定期接种 A 型魏氏梭菌氢氧化铝灭活菌苗或甲醛灭活菌苗,每只皮下注射 1～2 毫升,7 周后产生免疫力,免疫期 6 个月左右。

根据笔者研究,诱发本病的四大病因:饲料突变、日粮纤维含量低、卫生条件差和滥用抗生素。从以上 4 个方面入手做好预防工作。

一旦发生本病,应迅速做好隔离和消毒工作,对急性严重病例,无救治可能的应尽早淘汰,轻者、价值高的种兔可用抗血清治疗,每千克体重 2～5 毫升,并配合使用抗生素及磺胺类药物。对未发病的健康兔紧急进行免疫接种。

近年来笔者使用微生态制剂,平时每吨饲料喷撒 1～2 千克,或按 0.1%～0.2% 比例饮水,可有效预防该病。发病期间,饮水中加入 1%～2% 生态素(一种以乳酸菌和枯草芽孢杆菌为主的微生态制剂),连续饮用 3～5 天,可控制病情。对发病初期的患兔口服生态素,小兔每只 3 毫升,大兔 5 毫升,严重时加倍,3 天治愈。

15. 附红细胞体病有何特点?怎样防治?

附红细胞体属于立克次体目无浆体科附红细胞体属,是一种多形态微生物,多为环形、球形和卵圆形,少数呈顿号形和杆状。附红细胞体病是由附红细胞体寄生于多种动物和人的红细胞表面、血浆及骨髓液等部位所引起的一种人兽共患传染病。

流行特点:关于附红细胞体的传播途径说法不一。但国内外均趋向于认为吸血昆虫可能起传播作用,蚊虫是主要传播媒介。

资料介绍,该病的发生有明显季节性,多在温暖季节,尤其是吸血昆虫大量滋生繁殖的夏、秋季节感染,表现隐性经过或散在发生,但在应激因素如长途运输、饲养管理不良、气候恶劣、寒冷或其他疾病感染等情况下,可使隐性感染兔发病,症状较为严重,甚至发生大批死亡,呈地方性流行。

笔者近 10 年来对该病进行调研,发现很多冬季出生的仔兔也发生该病。而这个季节没有蚊虫叮咬,出生仔兔也没有注射疫苗。唯一的传播途径为母仔胎盘。因此,控制母兔发病是控制兔群发病的根本。

(1)临床症状　患兔尤其是幼小兔临床表现为一种急性、热性、贫血性疾病。患病家兔体温升高至 39.5℃～42℃,精神委顿,食欲减退或废绝,结膜苍白,转圈,呆滞,四肢抽搐。个别兔后肢麻痹,不能站立,前肢有轻度水肿。乳兔不会吃奶。少数病兔流清鼻液,呼吸急促。病程一般 3～5 天,多的可达 1 周以上。病程长的有黄疸症状,粪便黄染并混有胆汁,严重的出现贫血。血常规检查,兔的红、白细胞数及血色素量均偏低。淋巴细胞、单核细胞、血色指数均偏高。一般仔兔的死亡率高,耐过的仔兔发育不良,成为僵兔。

妊娠母兔患病后,极易发生流产、早产或产出死胎。

(2)病理变化　尸体一般营养症状变化不明显,病程较长的病兔尸体表现异常消瘦,皮肤弹性降低,尸僵明显,可视黏膜苍白,黄染并有大小不等暗红色出血点或出血斑,眼角膜混浊,无光泽。皮下组织干燥或黄色胶冻样浸润。全身淋巴结肿大,呈紫红色或灰褐色,切面多汁,可见灰红相间或灰白色的髓样肿胀。

血液稀薄、色淡、不易凝固。皮下组织及肌间水肿、黄疸。多数有胸水和腹水,胸腹脂肪、心冠沟脂肪轻度黄染。心包积水,心外膜有出血点,心肌松弛,颜色呈熟肉样,质地脆弱。肺脏肿胀,有出血斑或小叶性肺炎。肝脏有不同程度肿大、出血、黄染,表面有黄色条纹或灰白色坏死灶,胆囊膨胀,胆汁浓稠。脾脏肿大,呈暗黑色,质地柔软,切面结构模糊,边缘不齐,有的脾脏有针头大至米粒大灰白色黄白色坏死结节。肾脏肿大,有微细出血点或黄色斑点,肾盂水肿,膀胱充盈,黏膜黄染并有少量出血点。胃底出血、坏死,十二指肠充血,肠壁变薄,黏膜脱落,其他肠段也有不同程度的炎症变化。淋巴结肿大,切面外翻,有液体流出。软脑膜充血,脑实质有微细出血点,柔软,脑室内脑脊髓液增多。

(3)诊断要点　黄疸、贫血和高热,临床特征表现为全身发红。生产中可取耳血或心血一滴,置载玻片上,以生理盐水稀释,加盖玻片,在低倍显微镜下观察红细胞形态,呈星芒状,即可确诊。

(4)预防措施　整个兔群用阿散酸和土霉素拌料,阿散酸浓度为 0.1%,土霉素浓度为 0.2%。

也可选用四环素、土霉素,每千克体重 40 毫克,或金霉素,每千克体重 15 毫克,口服、肌内注射或静脉注射,连用 7~14 天;血虫净(或三氮咪,贝尼尔),每千克体重 5~10 毫克,用生理盐水稀释成 10%注射液,静脉注射,每日 1 次,连用 3 天;碘硝酚每千克体重 15 毫克,皮下注射,每日 1 次,连用 3 天;磺胺-6-甲氧嘧啶钠注射液 20 毫克/千克体重肌内注射,连用 3 天。

此外,用安痛定等解热药,适当补充维生素 C、B 族维生素等,病情严重者还应采取强心、补液,补右旋糖酐苷铁,配合抗菌药,注意精心饲养,进行辅助治疗。

16. 球虫病的发生和诊断特点如何? 怎样防控?

球虫病是家兔常发的一种寄生虫病,危害也是最严重的一种,可引起大批死亡。家兔球虫多达 14 种,其中最常见的有兔艾美耳球虫、穿孔艾美耳球虫、大型艾美耳球虫、中型艾美耳球虫、无残艾美耳球虫、梨形艾美耳球虫、盲肠艾美耳球虫等。隐性带虫兔和病兔是主要传染源,断奶仔兔至 3 月龄幼兔易感。成年兔发病较轻或不表现临床症状。断奶,变换饲料,营养不良,笼具和兔场、兔舍卫生差,饲料、饮水污染等都会促使本病发生与传播。

(1)临床症状　根据不同的球虫种类、不同的寄生部位分为肠球虫、肝球虫和混合型球虫。主要表现食欲减退或废绝,精神沉郁,伏卧不动,生长缓慢或停滞,眼、鼻分泌物增多,贫血,可视黏膜苍白,腹泻,尿频,腹围增大,消瘦,有的出现神经症状。

肠球虫病多呈急性,死亡快者不表现任何症状突然倒地,角弓反张,惨叫一声便死。稍缓者出现顽固性腹泻,血痢,腹部胀满,臌气,有的便秘与腹泻交替出现。

肝球虫在肝区触诊疼痛,肿大,有腹水,黏膜黄染,神经症状明显。后期后躯麻痹,不能站立。

混合型则出现以上两种症状。

(2)病理变化

①肠球虫　胃黏膜发炎,小肠内充满气体和大量液体,肠壁充血,十二指肠扩张、肠壁增厚、出血性炎症。慢性病例肠黏膜出现许多小而硬的白色结节,内含球虫卵囊,尤以盲肠最多见,有的出现化脓及溃疡。

②肝球虫　可见肝脏肿大,肝表面及肝实质有大小不等的白色结节,内含球虫卵囊,胆囊肿大,充满浓稠胆汁、色淡,腹腔积液。

③混合型　可见以上两种病理变化。

(3)诊断要点　临床观察急性型发病突然,死亡很快,有角弓反张、尖叫、四肢划动等症状;肝球虫死亡之前多有后肢麻痹表现;慢性患兔消化功能失调、腹胀;病兔粪便或肠内容物有大量的球虫卵囊,肝球虫在肝脏表面可见大小不一的白色球虫坏死灶。

(4)防治措施　加强饲养管理,兔笼、兔舍勤清扫,定期消毒,粪便堆积发酵处理,严防饲草、饲料及饮水被兔粪污染,成年兔与幼兔分开饲养。定期预防性喂服抗球虫药物。一旦发现病兔应及时隔离治疗,可用氯苯胍每千克体重10毫克喂服或按125毫克/千克饲料的比例拌料饲喂,连用2～3周,对断奶仔兔预防时可连用2个月;克球粉每千克体重50毫克喂服,连用5～7天;或地克珠利3～5毫克/千克饲料拌料。以上药物对球虫病均有较好效果,为预防耐药性产生,可采取交叉用药。

（5）有效控制家兔球虫病的生产经验

第一,早期预防。鉴于仔兔的球虫病发生与母兔关系密切,即仔兔在断奶前即已经从其母兔那里感染了球虫,成为带虫者。因此,预防球虫病应从母兔和仔兔抓起。降低母兔的带虫率是降低仔兔发病率的有效措施。当然,对于多数兔场来说,加强产仔后的防疫更为重要。母兔在产前,应彻底消毒笼具,尤其是踏板、产仔箱和垫草。仔兔哺乳前,应将母兔的腹部和乳房用药物消毒和用清水洗涤;仔兔哺乳时,以医用碘酊或爱迪福、威力碘等碘制剂涂抹乳头,既使得母兔乳房得到消毒,也使仔兔获得一定的碘。当然,有条件的兔场,应有效地控制兔舍环境湿度,加强消毒、粪便处理和蚊蝇杀灭工作。

第二,灵活的用药方案。鉴于家兔球虫病的疫苗预防技术尚未成熟,在预防工作中应首先选择药物预防。应制定有效的预防方案。比如穿梭用药:即几种特效药物按照一定程序交替使用,以防止产生耐药性;复合用药:即采用有相辅相成的 2 种或 2 种以上的药物,同时使用,达到双重阻断。比如磺胺甲氧嗪配合甲氧苄啶(TMP)已被证明为有效的组合;避免长期使用一种或少数几种药物。

第三,选用新药和使用复合中药等。当发现用常规药物预防效果不理想的时候,可换一种新药试试。根据笔者研究,以复合药物效果更好。如笔者使用球净一号(河北农业大学山区研究所研制),无论是预防还是治疗,其效果均优于传统的药物。经过十几年的连续使用,未发现耐药性问题。

第四,避免滥用药物。生产中有些兔场在防治球虫病时存有"有病乱投医"和用药无章法的现象。比如,发生大量的马杜拉霉素中毒、盐霉素中毒和莫能霉素中毒,就说明了这个问题。此外,长期使用磺胺类药物,对于家兔的机体产生不良影响,也降低家兔的增重效率。

第五，及时检测。鉴于球虫病发生有全年化的趋势，给预防工作带来极大的难度。我们不希望在任何季节都投喂抗球虫药物，这样会增加养殖成本。但是，更不希望因防疫疏忽而造成大批死亡。因此，应对于球虫卵囊进行及时检测。根据其发展情况采取必要的防疫措施。

17. 疥癣病的诊断特点如何？怎样防控？

疥癣是由螨寄生于家兔皮肤而引起的一种体外寄生虫病。引起家兔发病的螨主要有兔疥螨、兔背肛螨、兔痒螨和兔足螨。螨主要在兔的皮层挖掘隧道，吞食脱落的上皮细胞及表皮细胞，使皮层受到损伤并发炎。

兔螨病主要发生在秋、冬季节绒毛密生时，潮湿多雨天气、环境卫生差、管理不当、营养不良、笼舍狭窄、饲养密度大等都可促使本病发生。可直接接触或通过笼具等传播。

(1)临床症状　兔疥螨和兔背肛螨寄生于兔的头部和掌部无毛或毛较短的部位，如嘴、上唇、鼻孔及眼睛周围，在这些部位真皮层挖掘隧道，吸食淋巴液，其代谢物刺激神经末梢引起痒感。病兔擦痒使皮肤发炎，以致发生疱疹、结痂、脱毛，皮肤增厚，不安、瘙痒，饮食减少，消瘦，贫血，甚至死亡。

兔痒螨主要侵害兔的耳部，开始耳根部发红肿胀，而后蔓延到耳道发炎。耳道内有大量炎性渗出物，渗出物干燥结成黄色硬痂，堵塞耳道，有的引起化脓，病兔发痒，有时可发展到中耳和内耳，严重的可引起死亡。

兔足螨多在头部皮肤、外耳道、脚掌下面、甚至四肢寄生，患部结痂、红肿、发炎、流出渗出物、不安奇痒，不时搔抓。

(2)诊断要点　根据临床症状和流行特点做出初步诊断，从患部刮取病料,用放大镜或显微镜检查到虫体即可确诊。

(3)防治措施　保持兔舍清洁卫生,干燥,通风透光,兔场、兔舍、笼具等要定期消毒,引种时不要引进病兔,如有螨病发生时,应立即隔离治疗或淘汰,兔舍、笼具等彻底消毒,选用1%敌百虫溶液、3%热火碱水或火焰消毒。对健康兔每年1～2次预防性药物处理,即用1%～2%敌百虫溶液滴耳和洗脚。对新引进的种兔做同样处理。

治疗病兔可用阿维菌素(商品名:虫克星),每千克体重0.2毫克注射皮下注射(严格按说明剂量),具有特效;伊维菌素(商品名:害获灭、灭虫丁),按每千克体重0.2毫克皮下注射,第一次注射后,隔7～10天重复用药1次。

2%～2.5%敌百虫酒精溶液喷洒涂抹患部,或浸洗患肢;0.15%杀虫脒溶液涂抹患部或药浴。对耳道病变,应先清理耳道内脓液和痂皮,然后滴入或涂抹上述药物。

(4)根除疥癣的生产经验

第一,三早。即早预防、早发现、早治疗。无病先防,有病早治,把疾病控制在萌芽状态。健康兔群每年最少预防1～2次,绝不要等到全群发病后再去治疗。

第二,重复用药。螨虫对药物的抵抗力不大,一般的治疗药物均可将其杀死。但其卵对药物有较强的抵抗力。由于卵的外膜特殊结构,药物难以进入,因而一般药物不起作用。但是,经过几天的孵化,卵破壳而出,这时候其对于药物的抵抗力是非常弱小的。因此,第一次用药后将螨虫杀死,停7～10天,其卵孵化后,再次用药。以后重复1～2次。

第三,严格消毒。用药只能将兔身体上的螨虫杀死,但隐藏在兔周围环境的螨虫还会继续爬到兔体。因此,在用药的同时,彻底将患兔周围环境消毒。最好的消毒方法是火焰喷灯。

18. 怎样诊断和控制小孢子真菌皮肤病？

由须毛癣菌属和石膏样小孢子菌属引起的以皮肤角化、炎性坏死、脱毛、断毛为特征的传染病。许多动物及人都可感染此病。自然感染可通过污染的土壤、饲料、饮水、用具、脱落的被毛、饲养人员等间接传染以及交配、吮乳等直接接触而传染，温暖、潮湿、污秽的环境可促进本病的发生。本病一年四季均可发生，以春季和秋季换毛季节易发，各年龄兔均可发病，以仔兔和幼兔及泌乳期母兔的发病率最高。

(1)临床症状　由于病原菌不同，表现症状也不相同。

须毛癣菌病。多发生在脑门和背部，其他皮肤的任何部位也可发生，表现为圆形脱毛，形成边缘整齐的秃毛斑，露出淡红色皮肤，表面粗糙，并有灰色鳞屑。患兔一般没有明显的不良反应。

小孢子霉菌病。患兔开始多发生在头部，如口周围及耳朵、鼻部、眼周、面部、嘴以及颈部等皮肤出现圆形或椭圆形突起，继而感染肢端、腹下、乳房和外阴等。患部被毛折断，脱落形成环形或不规则的脱毛区，表面覆盖灰白色较厚的鳞片，并发生炎性变化，初为红斑、丘疹、水疱，最后形成结痂，结痂脱落后呈现小的溃疡。患兔剧痒，骚动不安，食欲降低，逐渐消瘦，最终衰竭而死，或继发感染葡萄球菌或链球菌等，使病情更加恶化，最终死亡。泌乳母兔患病，其仔兔吃奶后感染，在其口、眼、鼻子周围形成红褐色结痂，母兔乳头周围有同样结痂。其仔兔基本不能成活。

(2)鉴别诊断　小孢子霉菌病与疥癣有很多相似之处，生产中一些人难以区分而造成重大损失。根据笔者经验，它们的主要区别点在于：

第一，部位不同。小孢子真菌性皮炎主要发生在体表的无毛和少毛区，如眼圈、鼻端、嘴唇、外阴、肛门、乳房等。而疥癣多先发生在脚趾部和外耳道,后感染至身体的其他部位。

第二,癣痂的状态不同。小孢子真菌病癣痂表面突出,边缘多整齐,颜色呈红褐色,后颜色变成糠麸状。疥癣癣痂多灰褐色,在脚部被称为石灰脚。

第三,药物治疗效果不同。小孢子真菌性皮炎以抗真菌药物外用多有明显效果,而后者只能使用杀螨虫的药物进行治疗。

第四,刮取病料镜检,前者有分支的菌丝及孢子,后者有活动的螨虫。

(3)防治措施　小孢子霉菌病是对家兔危害最为严重的皮肤病,在某种程度上,其危害程度不亚于兔瘟和疥癣病,因此必须提高警惕。

平时要加强饲养管理,搞好环境卫生,注意兔舍内的湿度和通风透光。经常检查兔群,发现可疑患兔,立即隔离诊断治疗。如果个别患有小孢子霉菌病,最好就地处理,不必治疗,以防成为传染源。而对于须毛癣,危害较小,可及时治疗。环境要严格消毒,可选用2%火碱水或0.5%过氧乙酸。对于患有该病的兔场,消毒工作是非常重要的。否则,即使全部淘汰,该环境再使用,仍然发生该病。因此,建议不同消毒方法循环使用:火焰—百毒杀—高聚碘消毒剂;火焰—过氧乙酸或甲醛＋高锰酸钾。反复消毒2~3次。

患兔局部可涂擦克霉唑药水溶液或软膏,每日3次,直至痊愈;也可以10%水杨酸钠、6%苯甲酸或5%~10%硫酸铜溶液涂擦患部,直至痊愈。成群防治可投服灰黄霉素,每千克饲料加入灰黄霉素400~800毫克,连用15天,停药15天再用药15天,可以控制本病,但不能根除本病。由于灰黄霉素具有致癌作用,对肝脏破坏严重,因此,该药物使用时间要严格限制,用药剂量也要严格控制。咪康唑、益康唑、联苯苄唑(孚琪、霉克、孚宁、孚康、美克、必伏)、酮康唑等对皮肤真菌病都有一定效果,可以选用。

(4)根除真菌皮肤病的生产经验　一些兔场不知什么原因发

生了该病,有的兔场本来少量兔子发病结果没有控制住,越治越多,其原因何在? 应该怎样处理? 笔者的体会是:

第一,把好引种关。本病的发生多数是引种带回来的疾病。因此,从外地引种不可草率。一定要在没有发生过该病的兔场引进。引种后必须隔离观察至第一胎仔兔断奶时,如果仔兔无本病发生,才表明该种兔没有携带本病菌。可以混入原兔群。

第二,把好入场关。严禁无关人员入场,尤其是其他兔场的饲养管理员、皮商皮贩等。这些是危险人群。

第三,把好淘汰关。一旦发现兔群中有眼圈、嘴圈、耳根或身体任何部位有脱毛,脱毛部位有白色或灰白色痂皮,不要治疗,及时淘汰——深埋或焚烧。

第四,把好消毒关。对患兔的生活环境,包括笼具、场地、兔舍及周围环境用 2% 火碱、40% 多菌灵可湿性粉剂 400～500 倍液或火焰喷灯彻底、反复消毒。对于严重患病兔场,建议全部淘汰,采取熏蒸法,密封兔舍彻底消毒。

19. 流行性腹胀病有何特点? 怎样防控?

近年来在我国多数地区发生了一种以消化器官病变为主、以腹胀为特征的疾病,薛家宾研究员将其暂定名为"流行性腹胀病"。

关于这一疾病名称的命名,有一些人有不同看法。因为不清楚到底是什么病原菌引起的,其是否有流行性也不很清楚。但是,名称不是什么原则问题,正如生了一个小孩,起一个乳名而已。

几年来,我国的兔病科技工作者对该病的病原菌进行分离,从中分离出多种细菌,其中以魏氏梭菌和大肠杆菌为主。但是,简单通过分离的细菌进行攻毒,很难复制出流行性腹胀病来。可见,该疾病的病原菌和发病机制比较复杂。至今尚未研究清楚。

（1）诱发因素

①消化道冷应激　几例病例表明,消化道受到冷应激,如饮用带冰碴的水,采食了冰冻的饲料,会诱发本病的发生。

②采食过量　几年来对发生该病的多例进行调查发现,同样的饲料不同的饲喂方法,发病率不同。凡是发生疾病的兔场,基本上是自由采食。而没有发生疾病的兔场,均为定时定量,喂料量约为自由采食的80%。据此笔者进行试验,用同一种饲料,一部分自由采食,一部分限饲到80%。结果成功复制了生产中的现象。

③饲料发霉　几年来本实验室对发生以腹胀为主要特征疾病兔场的饲料进行霉菌培养,每克含有霉菌数量10万个以上,远远超过了限量上限。当更换了发霉的粗饲料（花生皮居多）之后,本病得到逐渐控制。

④突然换料　2008年以来,笔者发现一些兔场在使用某饲料厂的饲料后发生了流行性腹胀病。兔场认为饲料有问题。但使用同一饲料的其他绝大多数兔场均没有发生类似疾病。经了解,该兔场没有经过饲料过渡,直接更换饲料导致该病的发生。

⑤其他疾病　在笔者诊断的众多流行性腹胀病中,很多病例是混合感染,包括与大肠杆菌、球虫、魏氏梭菌、巴氏杆菌、波氏杆菌等。

⑥环境应激　包括断奶应激、气候突变、转群或长途运输等。

通过上百病例的分析,笔者认为,凡是影响消化道内环境的因素,均可导致家兔的消化功能失常,进而诱发流行性腹胀病的发生。因此,消除消化道内外应激因素,是控制本病的有效措施。

（2）防控措施

①控制喂量　对患兔先采取饥饿疗法或控制采食量,在疾病的多发期1～3月龄的幼兔限制喂量（自由采食的80%左右）。

②大剂量使用微生态制剂　平时在饲料中或饮水中添加微生态制剂,以保持消化道微生态的平衡,以有益菌抑制有害微生物的

侵入和无限繁衍。当疾病高发期,微生态制剂用量加倍。当发生疾病时,直接口服微生态制剂,连续 3 天,有较好效果。

③搞好卫生　尤其是饲料卫生、饮水卫生和笼具卫生,降低兔舍湿度,是控制本病的重要环节。

④控制饲料质量　一是饲料营养的全价性;二是饲料中霉菌及其毒素的控制;三是饲料原料的选择,尽量控制含有抗营养因子的饲料原料和使用比例;四是适当提高饲料中粗纤维的含量;五是尽量缩短饲料的保存期,控制保存条件。

⑤预防其他疾病　尤其是与消化道有关的疾病,如大肠杆菌病、魏氏梭菌病、沙门氏菌病、球虫病和其他消化道寄生虫病。

⑥加强饲养管理　规范的饲养,程序化管理,是控制该病所需要的。减少应激,尤其是对断奶仔兔的"三过渡"(环境、饲料和管理程序),减少消化道负担,保持兔体健康,提高动物自身的抗病力是非常重要的。一旦发生疾病,在采取其他措施的同时,放出患兔活动,尤其是在草地活动,可使病情得到有效缓解。由此得到启发,采取"半草半料"法,也不失为预防该病的另一途径。

此外,国内外学者采取药物防治取得较好效果。如:

浙江省农业科学院鲍国连研究员课题组以"溶菌酶＋百肥素"防治腹胀病临床试验。选择某腹胀病发病兔场 1 015 只兔使用"溶菌酶＋百肥素"预防,按每吨饲料各添加 200 克,有效率达 90%(913/1015),对照未用药组 36 只兔死亡 17 只,死亡率达 47%(17/36)。

江苏省农业科学院薛家宾研究员课题组以复方新诺明按照饲料的 0.1% 或饮水的 0.2% 进行预防,有较好效果。

此外,四川省畜牧科学院林毅研究员以恩拉霉素进行防治,欧洲在饲料中添加金霉素进行预防,均有一定效果。

由此可见,该病是多因素所致,多管齐下比单一措施的效果可能更好一些。

20. 霉菌毒素中毒有什么症状？怎样防控？

（1）临床症状　　家兔采食了发霉的饲料后很容易引起中毒。能引起家兔中毒的霉菌种类比较多，其中以黄曲霉毒素毒性最强。由于不同的霉菌所产生的毒素不同，家兔中毒后表现的症状也不同，主要有以下几种：

①瘫软型　　患兔精神沉郁，食欲减退或废绝，体温有所升高，浑身瘫软，四肢麻痹，头触地，不能抬起。多数急性发作，2～3天死亡。此种类型以泌乳母兔发病率最高，其次为妊娠母兔。

②后肢瘫痪型　　此种类型多发生在青年母兔配种的第一胎，临产前（29～30天），突然发病，表现为后肢瘫痪，撇向两外侧，不能自愈和治愈。

③死产流产型　　妊娠母兔在后期流产，没有流产的产出死胎，死胎率多少不等，少则10%～20%，多者达到80%以上。胎儿发育基本成型，呈黑紫色或污泥色，皮肤没有弹性。

④肠炎型　　患兔精神沉郁，食欲减退，粪便不正常，有时腹泻，有时便秘，有的突然腹泻，粪便呈稠粥样，黑褐色，带有气泡和酸臭味。本类型的特点是采食量越大，发病越急，病情越严重。如不及时治疗，很快死亡，有的在死前有短暂的兴奋。

⑤流涎型　　患兔突然发病，流出大量的口水。不仅仅发生在幼兔，而成年兔（特别是采食量较大的母兔）的发病率更高。患兔精神不振，食欲降低，在短期内流失大量的体液。如不及时治疗，也可造成死亡。

⑥便秘腹胀型　　患兔腹胀，用手触摸腹腔有块状硬物。解剖发现盲肠内有积聚的干硬内容物。此种类型很难治愈。

（2）预防措施　　目前本病尚无特效解毒药物，主要在于预防。不喂发霉变质饲料，饲料饲草要充分晾晒干燥后贮存，贮存时要防潮。湿法压制的颗粒饲料应现用现制,如存放也要充分晾晒,以防发霉。在多雨高湿季节,饲料中添加防霉剂(如丙酸钙或丙酸钠),可有效预防饲料发霉。发现霉菌毒素中毒,应尽快查明发霉原因,停喂发霉饲料,多喂青草。急性中毒应用缓泻药物排除消化道内毒物。内服制霉菌素或克霉唑等药物抑制或杀灭消化道内霉菌。静脉注射或腹腔注射葡萄糖注射液等维持体况,全群饮用水可加入水可弥散型维生素,连用3~5天。

21. 家兔流产的主要原因是什么?怎样防控?

母兔妊娠中断,排出未足月的胎儿叫流产。母兔流产前一般不表现明显的征兆,或仅有一般性的精神和食欲的变化,常常是在兔笼中发现产出的未足月的胎儿,或者仅见部分遗落的胎盘、死胎和血迹,其余的已被母兔吃掉。有的母兔在流产前可见到拉毛、衔草、做窝等产前征兆。

母兔流产的原因很多,如机械损伤(摸胎、捕捉、挤压)、惊吓(噪声、动物闯入、陌生人接近、追赶等)、用药过量或长期用药、误用有缩宫作用的药物或激素、交配刺激(公母混养、强行配种以及用试情法做妊娠诊断)、疾病(患副伤寒、李氏杆菌病或腹泻、肠炎、便秘等)、遗传性流产(近亲交配、致死或半致死基因的重合)、营养不足(饲料供给量不足、膘情太差、长期缺乏维生素 A、维生素 E 及微量元素等)、中毒(如妊娠毒血症、霉饲料中毒、有机磷农药中毒、大量采食棉籽饼造成棉酚中毒、大量采食青贮饲料或醋糟等)。

在生产中以机械性、精神性及中毒性流产最多。如果发现母兔流产,应及时查明原因并加以排除。有流产先兆的病兔可用药物进行保胎,常用的药物是黄体酮 15 毫克,肌内注射。对于流产的母兔应加强护理,为防止继发阴道炎和子宫炎而造成不孕,可投喂磺胺类或抗生素药物,局部可用 0.1％高锰酸钾溶液冲洗。让母兔安静休息,补喂高营养饲料,待完全康复后再配种。

22. 家兔死胎的主要原因是什么？怎样防控？

母兔产出死胎称死产,若胎儿在子宫内死亡,并未流出或产出,而且在子宫内无菌的环境里,水分等物质逐渐被吸收,最终钙化,而形成木乃伊。胎儿死亡的原因很多,总的来说分产前死亡(即妊娠中后期、特别是妊娠后期死亡)和产中死亡,而产后死亡是另一回事。产中死亡多为胎位不正、胎儿发育不良,或胎儿发育过大,产程过长,仔兔在产道内受到长时间挤压而窒息;产前死亡的原因比较复杂,如母兔营养不良,胎儿发育较差,母兔妊娠后期停食,体组织分解而引起酮血症,造成胎儿死亡;妊娠期间高温刺激,造成胎儿死亡,妊娠中止;饲喂有毒饲料或发霉变质饲料;近亲交配或致死、半致死基因重合;妊娠期患病、高热及大量服药;机械性造成胎儿损伤。此外,种兔年龄过大,死胎率增加。由于胎儿过大,产程延长而造成胎儿窒息死亡多发生于怀胎数少的母兔,以第一胎较多。公兔长期不用,所交配的母兔产仔数往往较少。为防止胎儿过度发育造成难产或死产,应限制怀胎数较少的妊娠母兔的营养水平和饲料供给量。若 31 天不产仔,应采取催产技术。其他原因造成的死产应有针对性地加以预防。

23. 妊娠毒血症是怎样引起的？怎样防治？

妊娠毒血症发生于母兔妊娠后期,是由于妊娠后期母兔与胎儿对营养物质需要量增加,而饲料中营养不平衡,特别是葡萄糖及某些维生素的不足,使得内分泌功能失调,代谢紊乱,脂肪与蛋白质过度分解而致。妊娠期母兔过肥或过瘦均易发生本病。

本病大多在妊娠后期出现精神沉郁,食欲减退或废绝,呼吸困难,尿量少,呼出气体与尿液有酮味,并很快出现神经症状,惊厥、昏迷、共济失调、流产等,甚至死亡。

　　预防本病母兔在妊娠后期要提高饲料营养水平,喂给全价平衡饲料,补喂青绿饲料,饲料中添加多种维生素以及葡萄糖等有一定预防效果。如发现母兔有患病症状,可内服葡萄糖或静脉注射葡萄糖注射液及地塞米松注射液等,有较好效果。